生命中的生命力-能系统

白伦 著

苏州大学出版社
Soochow University Press

图书在版编目(CIP)数据

生命中的生命力-能系统 / 白伦著. -- 苏州：苏州
大学出版社，2024.5
ISBN 978-7-5672-4835-9

Ⅰ. ①生… Ⅱ. ①白… Ⅲ. ①生命系统理论 Ⅳ.
①Q1-0

中国国家版本馆 CIP 数据核字(2024)第 110059 号

Shengming Zhong De Shengmingli-neng Xitong

书　　名：生命中的生命力-能系统
著　　者：白　伦
策划编辑：张　凝
责任编辑：赵晓嫲
助理编辑：何　睿
装帧设计：吴　钰
出版发行：苏州大学出版社(Soochow University Press)
社　　址：苏州市十梓街 1 号　邮编：215006
印　　装：苏州工业园区美柯乐制版印务有限责任公司
网　　址：http://www.sudapress.com
邮购热线：0512-67480030
销售热线：0512-67481020
开　　本：889 mm×1 194 mm　1/16　印张：5.75　字数：103 千
版　　次：2024 年 5 月第 1 版
印　　次：2024 年 5 月第 1 次印刷
书　　号：ISBN 978-7-5672-4835-9
定　　价：86.00 元

若发现印装错误，请与本社联系调换。
服务热线：0512-67481020
苏州大学出版社邮箱：sdcbs@suda.edu.cn

⊚ 序　言

去年 5 月,一本英文版新书 *Life Power-Energy System in Life—Foundation for Unlocking the Secret of Life* 在英国伦敦由科学检索出版社出版,并在亚马逊发行。一年之后,它的中文版本,就是今天我们案头这本《生命中的生命力-能系统》正式出版。在英文版出版以后,国内不少读者都向作者提到一个问题:著者作为中国人,为什么不首先在自己的国家出版这本书的中文版本呢? 因此,在这里,我们先来谈谈这个问题。因为这本书研究的生命力与生命能相关的问题,涉及一些长期以来在世界上备受关注而又始终没有阐明的生命科学基本问题,如困扰生物学家几十年的生命衰老机制和寿命制约问题。在过去的 100 多年来,有超过 300 种理论被提出来解释老化过程,但迄今还没有一种理论被科学家普遍接受。在中国历代,古人们关注人能活多长,从各个时期的姓氏族谱资料可以查到寿命状况,但是历史资料中没有出现过有关讨论衰老的原因、探究寿命长短制约的记载,这种状况一直延续到近代。进入现代社会之后这些问题依然很少受到关注。上面说到的研究生命衰老机制和寿命制约的理论，以及在世界上备受关注的生命科学的讨论，我们多是从英文文献和参考资料中得以了解的。在这一点上，英国学者李约瑟（Joseph Needham）在其所著述的《中国科学技术史》中关注过在科学和技术发展历史进程中的中西方所走路线的差异；这也就是被后来的学者称为"李约瑟难题"的背景。与此相关联，当作者决心挑战这些在世界上长期以来没有被阐明的问题，当多年来的研究进程中终于得到可以让自己接纳的成果时，就决心投入这场热烈角逐百年而至今仍没有休止的讨论中去，并且要将获得的理论告诉世界。为此，作者就必须进入关注这场讨论的最为广大的读者群中，也就是要在英文世界首先发声，使得我们的生命力-能系统理论可以平等地与世界上的研究者及关注这些问题的读者进行交流，而不是只满足于在自己的母语圈子里自得其乐。正因如此，作者首先将这本书翻译成英文出版。

在发表这些关于生物学和生命科学理论成果的过程中，作者感受到另一个曾阻挡在面前的障碍，那便是为了探究生命奥秘这样一个复杂且庞大系统中的问题，竟然难以使用近现代获得迅速发展的系统工程科学的研究手法。因为这是自己在长期的研究生涯中熟悉并深知其重要价值的手法，并且在研究过程中深刻地认识到生命本身就是一个庞大而复杂的系统。我们对生命相关问题的研究，就是一个利用系统工程理论与技术的过程。但是我们仍注意到，在很多研究生物学、生命科学的杂志中，对于利用数学方法或系统工程方法的研究文章，往往是被另眼看待的。物理学家霍金说过，有人告诉他，书里每出现一个公式，都会让书的销量减半。霍金说的是面向大众的物理学书。但是对于生物学、生命科学的书，如果书中出现数学公式，说读者减少一半大概就是太乐观的估计了。事实上，即使到了科学技术迅速发展的今天，虽然已经开发出很多现代化的崭新技术手段，拓展了生物学、医学以及生命科学领域中不断深化的理论，但是在这些领域中人们依然以传统的实验观察为基本思想和手法。在这样的背景下，新的科学技术也带领着人们在传统的道路上奔跑。在这些领域中有很多时代的进步，人们利用对植物、动物、生命这些复杂系统在不同时点上的状态和动态变化过程进行观察与把握，以加深对这些系统的理解。而在这样的过程中，为了通过实验观察到的状态和动态，追究贯穿于系统中的错综复杂的关系时，往往要为此付出巨大的代价，诸如花费大量的精力以及漫长的时间，以致长期搁置了问题。这事实上也正是很多生物学、生命科学基本问题在很长时期中难以得到阐明的原因。

我们在研究生命力-能系统的过程中不得不抛开这些传统的方法，利用了系统工程科学技术的方法。书中不忌讳出现一些基于实验观察构建的数学模型和数学解析的手段，因为这些手段帮助我们进入依靠传统的实验手段所观察不到的进程，窥察到并得以揭示生命科学中一些谜团的真容。为了使读者便于理解这些涉及数学分析的进程，我们在书中都尽可能沿着生命力-能系统阐析过程的思路给出简单明了的数学分析路径。对于少量比较复杂的数学推导过程，则将它们剥离出来放在书本的附录中。我们希望这样的处理能够使得生物学、生命科学领域的读者花较少的功夫，在掌握基本的数学分析方法之后可以追寻到生命科学中这些重要结论获得的来龙去脉。

这本书涵盖了生命力-能系统的基本概念，论述了生命过程中生命力-能系统支持下生命生长演变过程的研究结果;同时作为对生命生长的基础结构形成过程的探究,研究了基于体细胞数量及其参数估计的生长函数,阐明动物体形大小和生长期长短的基因调控途径。我们给出了那些长期以来没有被阐明的生命科学的基本问题,包括动物体形大小决定机制、生命衰老机制和寿命制约等问题的研究成果。

为了让更多的生物学、生命科学、医学科学等学术界人士都能读懂本书,作者致力于让本书以直截了当、简洁明了的语言面向广大读者。期望它能够成为一本在发掘生命科学的深度和复杂性方面,蕴含别具一格的魅力而又亲和读者的科学书籍。

白　伦

2024 年 3 月

⊳ 前 言

本书所论及的生命力-能系统原理是第一次被提出的关于生命力理论的研究结果。

这项研究涉及生物学的基本问题、生命科学理论中备受关注的衰老机制以及寿命预期问题,是一项经历了20多年探索的研究。

在探究衰老机制和寿命预期问题的研究中,我们注意到它们与生命过程中的生命力-能的供给及机体的新陈代谢有密切的关系。然而回顾我们的医学生物学理论可以看到,生命过程中生命力-能作用及机制的探索研究相对于医学、生理学、微观的细胞分子生物学领域的探索研究而言,是极不充分的,至今主要还停留在为机体供能的传统描述上。长期以来,人们对生命的了解主要是通过生物的生老病死现象和疾病治疗逐渐获得的。医学生物学的发展使人们对生命的认识从表观向着实质不断深化。60年前DNA结构的阐明使人们对生命的了解迈进了一大步,人们追求从细胞、分子乃至基因等细微结构中探索生命秘密的热情大为增强，并且获得了很多新的认识。但是一个不可回避的事实是，人类对生命的一些基本问题以及生命系统总体的认知依然不完全。

我们意识到，这样的状况实际上是一些生物学基本谜团备受关注而又不能阐明的主要原因。如为了回答生命的衰老机制、寿命制约问题，近100年来有超过300种理论被提出来解释老化过程，但迄今还没有一种理论被科学家普遍接受。

我们已经看到，要解除这些基本生物学难题的困扰，只是在迄今的传统生物学、医学生理学和微观分子生物学这些"城堡"内部，不从导致衰老、寿命限制发生的生命力-能供给机制出发进行探索，是很难获得成功的。

自然界中，既有仅在短暂的时间内存活的动物，也有可以存活上百年的动物。同样的生物，他们的生命基本结构及有关组织器官功能机制是基本一样的，所不一样的是这些相同的器官从自然界中吸取营养和利用能量的能力与效率的差异。生物在不同生存环境中长期生存活动所发生的进化导致机体结构器官产生非系统性的、局部性的差异。在消耗生命能、以生命力的形式推动生命基本单元细胞组成的组织器官发挥机能并维持生存的这一点上，并没有根本性的差别。因此，要回答乌龟为什么比其他动物长寿，就需要从生命能代谢系统的基本结构和效率来比较乌龟与其他动物之间的差异。

本书旨在改变迄今医学生物学的某些基本认知。研究基于对生物体进行的质能转换及能量发生利用的理论分析,定义驱动生命活动的生命能和生命力,并对其在机体生命中形态与数量的演变活动进行系统的数理分析,探究它们在生命系统中的作用;走一条迄今在医学生物学一般研究中往往被边缘化的道路,这就是系统生物学。以数理分析为基础的系统生物学是描绘与了解生命系统的重要工具,其为我们阐明很多依靠实验观察难以解释的复杂现象。我们的研究结果显示,对生命进行系统分析的结果使得一些困扰着医学生物学界的基本问题,洞若观火般地得到阐明。这项工作也显示了医学生物学与数理科学的交叉融合的重要价值。

所有的生命现象都关系到生命遗传信息系统以及生命能代谢系统的协调运作效果,以这一认识为背景,在研究过程中,我们提出由三个主要部分组成的生命系统的结构:

（1）遗传信息系统;

（2）生命力-能系统;

（3）基于前两大系统运行着的生理子系统群。

研究的结果,除了阐明基本的生命现象,如老化、寿命等机制之外,还证明了生命不可能永恒,老化进程不能逆转的生物学基本命题,并获得了生命系统中的热力学第二定律。

此外,关于与生命力演变密切相关的生物体大小问题,调控生物体生长特性的基因以及它们的传导表达路径长期以来没有得到阐明。然而如果生物体大小调节机制继续悬而未决,就将影响生命力-能系统的阐明。为此,本研究在早期就对这个问题进行了探讨,并最终取得了有意义的结果。这部分结果作为生命力-能系统研究的基础,在本书的

第一部分专门介绍动物生长进程以及生长期长短的基因调控路径问题,展示了动物大小决定之谜的生物学机制和结果。

作者相信,生命力-能系统理论作为生物学和医学重要的基础之一,它的提出与论证必将为深化对生命的认识拓展新的研究方向,为改善人类健康水平发挥重要作用。

白 伦

2024 年 3 月

⊙ 目 录

第一部分
动物大小及生长期的基因调控路径

1. 导言

关于一个动物的体形大小是如何被调控的问题,长期以来受到过很多的关注[1-2]。人们对于基因在决定动物及其器官大小方面扮演了主要的角色这一点是清楚的[3],但是不知道这是怎么做到的。这一问题往往涉及两个方面的机制,其一是动物生长发育的规划,包括结构性生长的调节机制,如为什么我们的两只手臂会一样长?另一方面的问题是动物大小的调控机制,为什么动物体及其器官中,细胞的数量生长到恰好是那么多,而一般不会出现大小异常?如大象总是比老鼠长得更大。前者是发育生物学研究以及DNA 解读研究所关注的目标,但这不是本文讨论的问题。后者则关系到基因控制通过什么方法实现这一调控问题,对此人们至今知之甚少[4],这是本研究所关注的目标。此外我们还注意到,人们在关注动物大小控制问题时,对与此密切相关的动物生长期问题却没有给予应有的关注,这是一个有意思的现象。因为我们的研究发现,动物大小及其生长期是一对共生的问题,它们的实现过程是互相制约的。因此,生长期的问题同时也是我们关注的目标。

基因对动物大小的调控是一个复杂的过程。该过程不仅依赖于遗传特性的表达、生长因子的激励、内分泌系统的协调作用等,还受到细胞营养条件、动物生存环境等很多因素的影响。而重要的是,我们至今不了解基因对动物大小的调控模式。人们已经深刻地认识到,调控细胞、组织和生物体大小的分子机制是生物学最迷人和最神秘的难题之一[5]。但是我们必须接受的事实是,所有的生长机制和内外因素影响都必须通过并只能通过影响细胞的增殖与死亡才能改变生物的大小。正是在这样的背景下,本研究将聚焦动物体细胞增殖与死亡行为的基因调控模式及其决定动物个体大小的机制。

人们已经知道影响动物大小的因素种类繁多,包括细胞数量、细胞大小、细胞外物质黏集性生长(adherent growth)、细胞外基质等[1]。但是已有的研究表明,大多数生物在发育期间经历的质量显著增大,伴随着细胞数量的恰好同等的增多[4][3]。由于细胞外物质黏集性生长及细胞外基质分泌是伴随着细胞数量增长的,因此我们不妨将这类细胞外物质视为细胞的组成部分,将其对动物大小的影响纳入细胞数量的讨论中,不单独考虑。

虽然细胞大小的差异常常导致动物大小的差异,但细胞数量的差异通常会产生较大的贡献[3]。关于细胞大小对于动物大小差异的贡献,有一个简单的估算。例如,一个体重 70 kg 的人共有约 10^{13} 个细胞,而一只 25 g 的老鼠也有 3×10^9 个细胞[6],因此相对于细胞总数量的差异倍数(3 333 倍)而言,二者体重上的差异倍数为 2 800 倍。由此可以估算出,前后者细胞平均重量之比约为 1∶1.18,即二者的差异是很小的,并且老鼠细胞的平均重量甚至比人要来得大。这至少表明与细胞数量对于个体大小的贡献相比,细胞大小的贡献足以忽略不计。汤姆森(1961 年)在他的名著《生长和形态》(*On Growth and Form*)[7]中也指出过不同动物之间同种细胞大小差异不大的事实。因此在我们的讨论中,将忽略细胞大小差异的影响,只考虑细胞数量对动物及其器官大小的支配作用。

对于基因如何实现对动物大小的调控问题,迄今有很多的讨论,主要是关注一些调控因子在局部组织中对细胞分裂速率、细胞大小的调控,并推测其对组织器官生长及个体大小的协调作用[8-9]。很多报告关注细胞增殖[10-13]、细胞存活和细胞死亡的控制[14-18],在分子水平上研究和发现了很多影响因子,包括 Myc[19-20](Myc 基因或写为 c-Myc,是一种编码转录因子的调节基因,其导致了不受管制的许多基因的表达,其中有些参与细胞增殖,如癌症的形成),Cdki[21-22][周期蛋白依赖性激酶抑制因子(cyclin-dependent-kinase inhibitor)],PI3K[23-24](PI3K 基因是一种可以控制细胞寿命和组织衰老的基因),转录调节因子 dE2F[25]等。但是正如海宁根(Heyningen)等[26]所指出的,对于在单个细胞水平细胞增殖如何被控制,人们知道得很多,但是对于发育的细胞群体中细胞数量的控制却知道得很少。因而只依靠对单个细胞的行为和这些调控因子的认识是不能对机体细胞总量控制机制进行解释的。也有一种意见认为,这种协调是通过对机体或器官的细胞数量进行总体调控来实现的[27],认为细胞间的相互作用及信号系统的相互协调,控制着细胞的增殖与凋亡,最终决定个体的大小。支持这一观点的主要证据诸如蝾螈的二倍体和多倍体的变种,尽管两者的细胞大小各不相同,但个体最终大小相似。但是如果要进行总体控制,机体或器官就需要测度自身细胞总量,然而目前依然缺乏能够证实这一点的证据。关于这一问题,我们将在后面论及。

关注细胞增殖和死亡行为与动物生长之间的联系十分重要。在这方面,诺伊费尔德

（Neufeld）等[1]（1998 年）探索过使细胞分裂和生长连接起来的各种机制,强调各种机制的同时操作,以及环境条件、细胞类型、发育背景方面的影响。但是在这一方面依然需要进一步的工作[1]。此外,关于基因调控身体尺寸的问题,最近的报告指出,近 30 年来的研究已经确定了一个长长的基因和信号通路列表,当受到干扰时,其影响最终的身体尺寸[28]。然而,身体和器官的大小是最终的整个生物体的特征,这些无数的基因和途径如何在生理过程的各阶段中发挥作用来控制动物个体的大小,在很大程度上仍然未知[28]。

另一方面,很多基于实验观察的生长过程的数学模型研究,如对蛋白质和能量摄入与生长量之间的直接关系采用多元线性回归建立来描述[29-31];也有报告对各种数学模型进行整合并形成新的生长模型,期望从分子生物学角度探索生长过程的轨迹[3][32];等等。但到目前为止,已经有研究提出了动物生长和发育的数学模型来描述生物体的个体生长轨迹,这些轨迹主要是以适合度而不是任何生物机制为依据[33]。因此,这些模型没有显示它们与细胞行为的内在特征的关系。

近 10 年来依然有很多关于动物大小控制的报告[34-37],但是遗憾的是,依然看不到这一问题研究有根本性的进展。我们意识到需要深刻地反省迄今走过的道路,因为我们注意到:（1）在迄今的动物大小调控研究中,由受精卵带来的生长特性遗传基因的协同作用没有被阐明,这是问题无法根本解决的主要原因;（2）迄今的研究更多的是在微观生物学方向上关注各种局部影响因子的作用,而传统的单成分分离研究是不能理解复杂的基因调控原理的[38],因而对个体发育整体的问题难以回答。为此我们需要有对生命系统综合分析的智慧,这比理解局部或单成分知识更重要。基于这样的思考,我们意识到必须以系统生物学的观点去探索动物生长特性的基因遗传途径,发现生长特性信息传递媒介的存在及其作用。

基于上述背景,为了探讨细胞微观行为与个体生命体生长之间的关系,我们提出生物体细胞全周期的概念,对细胞增殖与死亡的动态过程进行量化描述,探索细胞微观形态与生物个体生长之间的关系,导出以细胞数量表示的动物生长函数,并解析动物大小调节等生长特性及相关现象。

2. 动物体细胞的增殖与死亡的量化特征

2.1　生命过程的界定

动物出生之前与出生之后的个体,分别属于两种不同的系统。前者无论是营养供给,还是新陈代谢与生长发育,都不能离开母体,因此不是一个独立的生命系统;而后者完全切断与母体的直接联系,独立地摄取营养、新陈代谢以及生长发育,因此是一个独立的生命系统。这一生命过程一直延续到生物体死亡为止。据此我们定义一个生命过程为从出生时刻开始到死亡为止的期间,这个生命过程具备以下基本特征:(1) 出生开始就有一定的体量(细胞总体);(2) 持续新陈代谢;(3) 生长发育及相应的生理机能(包括生殖)。在本文中,我们以这样一个独立的生命过程为研究对象,讨论其生长发育及体形大小调控机制。

2.2　动物体细胞的全周期

生命过程中细胞不断地增殖(分裂或分化)与衰亡是维持生命活力的最基本的生命行为。尽管迄今人们对于细胞分裂周期以及细胞凋亡已经有了深入细致的理解,但是对于细胞的新生与死亡行为如何影响生物体的生长行为,却并没有得到准确的认识与说明。事实上,生命体中一些有关细胞新生与死亡的基本特性,如细胞增殖率、细胞寿命等行为特征应该如何定义,至今没有得到一致的认同。在这样的情况下,企图阐明细胞的增殖与凋亡的微观行为对动物生长发育的贡献,以揭示动物大小控制的机制,显然是困难的。为此我们首先需要对动物体内细胞生长与死亡的基本特性进行量化的解析。

虽然已经知道生命过程中细胞不断新生与死亡,但是细胞寿命迄今并没有得到定义。这是因为细胞增殖时所产生的两个细胞并没有亲代与子代之分。由于细胞的生长不是依赖于细胞分裂周期所决定的进程[39-41],并且细胞分裂以后生命由两个新生细胞延续,因此生物学中没有以与细胞周期相关的参数形式来表示细胞生长与寿命特征。但是,为了分析动物大小的决定机制,阐明生物体内细胞分裂周期内的细胞生长与寿命特征的联系是不可缺少的。为此,我们在这里对细胞寿命进行概念化的讨论。图 1-1 为模拟生物体一个简化的生命过程中细胞增殖与死亡时点系列的模式图。图中小圈点表示细胞分裂或分化时点,也是新增细胞的诞生点;黑点表示细胞死亡时点。在动物出生时的所有细胞,也简单地视为是出生时新增殖的;并假设动物死亡时所有细胞也同时死亡。

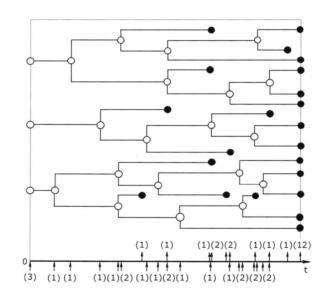

○:细胞增殖点,共 22 点;●:细胞死亡点,共 22 点。

图 1-1　生物体中细胞增殖与死亡时点系列的模式图

图 1-1 中下方坐标为时间轴,其上标记有新生与死亡的细胞数量,朝向坐标轴的箭头表示细胞新生,离开坐标轴的箭头表示细胞死亡。根据这一模式图可以确认以下的认识。

【自明的事实】　动物生命过程期间,细胞增殖的次数等于死亡细胞的个数。

这表明在动物体中,每一个新增加的细胞都将有一个死亡时点与其对应,这提示我们细胞的寿命可以被定义。为了推算细胞的寿命,我们对细胞全周期作了定义。

【细胞全周期 L_W】　细胞全周期 L_W 为从有丝分裂完成到下一次完成的期间,除了一般定义的细胞周期中四个阶段之外,还包含 G_0 期以及在各检测点的滞留时间。

记动物体细胞 L_W 的期望值为 τ,其代表体内各种细胞全周期特性。

2.3　体细胞的平均寿命

生命过程各个时刻有大量的细胞凋亡或死亡。人们已经认识到,细胞凋亡是多点启动的,可以发生在细胞周期的各个时相[42];并且细胞凋亡过程一般最多只持续几个小时[43-44]。细胞死亡后断裂成许多小的凋亡体而被巨噬细胞吞噬,并作为营养物质成为新生细胞的组成成分。在本模型中,我们将细胞死亡化解过程中的质量视为对新生细胞体量不足状态的补充,不再另外进行讨论,而只关注细胞数量变化。此外,我们将体细胞凋亡或死亡所处的细胞周期,以及动物出生时点上的体细胞周期也视为一类特殊细胞全周期。在此,按如下规则定义细胞的寿命。

【细胞寿命】　对于一次分化或分裂所形成的两个细胞,形式上将其中一个视为亲代,另一个视为子代。子代细胞的寿命从分裂点开始;亲代细胞的寿命在分裂点上延续。

根据这一定义,每个细胞都将有一段确定的寿命。虽然对一次分裂生成的两个细胞的亲子认定不同时,同一细胞将有不同的寿命,但是当我们关注细胞群体的平均寿命,而不是各个细胞的寿命时,亲子代细胞认定的不同并不影响群体细胞平均寿命的结果。为了理解这一点,图1-2给出一个说明。图中对同样的细胞分裂过程,用三种不同方法进行亲子区分。图中细胞增殖点与死亡点的表示与图1-1相同,数字表示各细胞全周期的时间。图右侧显示按各种方法区分的细胞寿命以及平均细胞寿命 $\bar{s}_i(i=1,2,3)$。可以看到,尽管按不同方法得到的细胞寿命各不相同,但是所有方法得到的平均细胞寿命都相同。

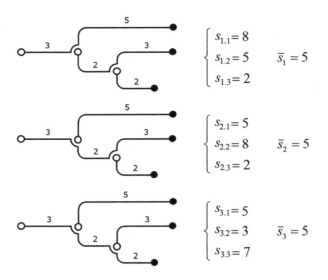

图 1-2　亲子代细胞认定的差异和细胞平均寿命

我们得到以下命题。

【命题1】　一个动物的生命过程中,体细胞平均寿命为一定值,将其记为 μ。

在此,记动物诞生时的细胞总数为 m_0,动物寿命的时间为 t,在区间 $(0, t]$ 中发生的细胞分裂(分化)总次数为 n 次,我们根据上述讨论,作一些概念上的计算。因为每次细胞分裂(分化)时都产生对应着有细胞全周期 L_W 的两个新细胞,故在动物生命区间 $(0, t]$ 中发生细胞全周期总数记为 N_0 时有

$$N_0 = 2n - m_0 \tag{1-1}$$

【命题2】　在生命过程中,平均细胞寿命 μ 为

$$\mu \approx \frac{(2n - m_0)\tau}{n} = \left(2 - \frac{m_0}{n}\right)\tau \tag{1-2}$$

注意到 $n \to \infty$ 且 $n \gg m_0$ 时,可以得到

$$\mu \approx 2\tau \tag{1-3}$$

即生命过程中体细胞的平均寿命 μ 约为细胞全周期 τ 平均值的两倍。这里 n, m_0 反映动物生长发育特性,是与细胞分裂产生的两个细胞的亲子认定无关的参数。

2.4　生命过程中体细胞数量的变化

根据上述模型,我们讨论了生命过程中体细胞总数的变化。动物体内细胞总数的变化是连续的,即在生命的任何时刻 t,总有 $\lim\limits_{\Delta t \to 0} N(t+\Delta t) = N(t)$。因为在微小区间 $(t, t+\Delta t]$ 中存活的一个细胞的全周期终点恰好发生在该区间中的概率为 $\Delta t / \tau$[45],故在此区间中有 $N(t)\Delta t / \tau$ 个细胞到达了全周期的终点。当 $\Delta t \to 0$ 时,每个细胞只有两种可能,或是发生分裂增殖出一个新细胞,或在该期间中死亡。在这里我们假设完成细胞周期的细胞在单位时间内分裂增殖出新细胞的概率为 $\alpha(t)$,而该细胞死亡的概率则为 $1-\alpha(t)$。这里 $\alpha(t)$ 与细胞的代谢能力有关,且与身体的营养状态有关。在这里,基于从人们的生活经验中获得的基本认识,即在营养充足的环境中,动物每天摄取的营养的量基本上是不变的,我们在概念上提出了一个关于动物发育-生长的基本特性如下。

【动物需要的营养量】　生命过程中动物个体在单位时间内摄入的外源营养量与其代谢能力有关,近似为一定量。

这是动物发育和生长过程的一个重要特征,它忽略了未成年及随机因素引起的每个单位时间内营养素摄入量的差异。因为营养物质根据各种组织的代谢与发育需要均衡地分配给机体内的各种细胞,故单位时间内完成细胞全周期的细胞数量越多,活细胞被分配到的营养量越少,就越不利于细胞增殖。我们把这一特性记述为下面的命题。

【命题3】　完成细胞周期的细胞在单位时间内增殖新细胞的概率 $\alpha(t)$ 反比于结束细胞全周期的细胞数量 $N(t)/\tau$。即

$$\alpha(t) = \frac{\lambda\tau}{N(t)} \tag{1-4}$$

式中,λ 为反比例系数。因为在 $(t, t+\Delta t]$ 中完成全周期的细胞数为 $N(t)\Delta t/\tau$,故在微小区间中体内细胞增殖量为

$$\frac{N(t)}{\tau}\alpha(t)\Delta t = \lambda\Delta t \tag{1-5}$$

因此可以得知以下命题。

【命题4】 λ 表示体细胞在微小单位时间内的平均增殖率,概念上为动物种类特异的常数。

另一方面,又可以得到,在微小区间中死亡的细胞数为

$$\frac{N(t)}{\tau}[1-\alpha(t)]\Delta t = \frac{N(t)}{\tau}\Delta t - \lambda\Delta t \tag{1-6}$$

故在 $(t,t+\Delta t]$ 中细胞数的变化为

$$N(t+\Delta t) - N(t) = 2\lambda\Delta t - \frac{N(t)}{\tau}\Delta t \tag{1-7}$$

2.5 体细胞数量生灭过程的微分方程

当 $\Delta t \to 0$ 时,由上式可以得到微分方程

$$\frac{dN(t)}{dt} = 2\lambda - \frac{N(t)}{\tau} \tag{1-8}$$

可以看到体细胞数量随时间的变化是一个出生率为 2λ、死亡率为 $N(t)/\tau$ 的出生与死亡过程[45]。这一结果显示着动物发育生长受制于体细胞的两个基本特性:其一为动物体细胞增殖率 λ,受到自身的代谢能力及营养条件制约,在生长过程中近似为一定值;其二为细胞全周期 τ,其大小决定了体细胞寿命长短。式子显示了生命过程中细胞的新增与死亡处于动态平衡的基本过程。因为细胞凋亡是在基因调控及营养物竞争等多种制约中发生,它是使得机体组织生长中正常的细胞增殖分化得到保证的重要的调控方式[46]。

2.6 体细胞生长参数的结构

一个哺乳动物体内有 200 种以上不同的细胞,既有高度特化并丧失分裂能力的神经细胞、骨骼肌细胞和红细胞,也有具备较高有丝分裂水平的造血干细胞和上皮细胞等。此外,各种细胞在生长发育过程中开始生长时期也不相同。遗传基因决定了每一种细胞的增殖率、细胞全周期以及开始生长时期。若将人体各种细胞的增殖率记为 λ_i,细胞全

周期记为 $\tau_i(i=1,2,\cdots,N)$，设各种细胞数的权数为 $q_i(i=1,2,\cdots,N)$，$\sum\limits_{i=1}^{N}q_i=1$，这里 N 为细胞种类数。体细胞增殖与死亡过程是各种细胞增殖与死亡过程相互叠加的宏观结果(图 1-3)，故生长过程中细胞增殖点与死亡点均可以近似视为泊松流，且体细胞增殖率及细胞全周期可表示为[45]

$$\lambda = \sum_{i=1}^{N}q_i\lambda_i, \qquad \tau = \left(\sum_{i=1}^{N}\frac{q_i}{\tau_i}\right)^{-1} \tag{1-9}$$

由于有一部分组织细胞滞后生长，故在所有细胞都开始生长之前体细胞增殖率 λ 未能达到命题 3 所说的一定值。我们推测这与下面看到的实际生长曲线与理论生长曲线在青春期阶段存在的差异有关。除了这一特殊阶段，动物的生长发育过程可由微分方程(1-8)表示。

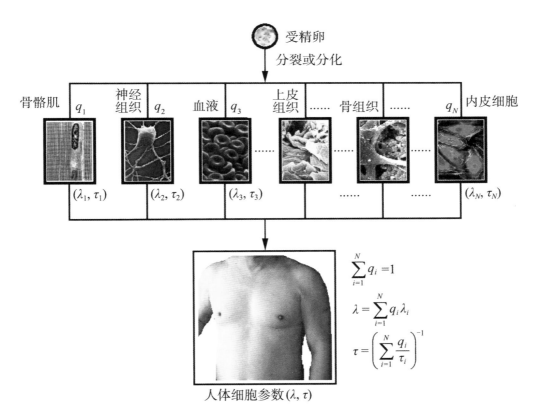

图 1-3　人体各种组织细胞生长参数的结构

3. 基于体细胞数量的动物生长函数及其参数推定

3.1 基于体细胞数量的动物生长函数

当动物出生时刻 $t=0$ 时体内细胞总数 $N(0)=m_0$，由微分方程（1-8）可以解得

$$N(t)=2\lambda\tau\left[1-\left(1-\frac{m_0}{2\lambda\tau}\right)\exp\left(-\frac{t}{\tau}\right)\right]\tag{1-10}$$

这是以平均细胞数量表示的动物生长函数。此结果与动物种群个体数的布洛迪（Brody）生长模型[47-48]一致。特别地当 $t\to\infty$ 时，由式（1-9）可得动物生长达到平衡状态时的细胞数，得到以下命题。

【命题5】 动物在生长达到平衡状态时的细胞数

$$\lim_{t\to\infty}N(t)=2\lambda\tau\tag{1-11}$$

此命题显示平衡状态的体细胞数等于在平均体细胞寿命中增殖的细胞数，它意味着，在平均体细胞寿命中动物体细胞被更新一次，故这也是在此期间生物体所发生的细胞死亡次数。据此我们得到以下命题。

【命题6】 生长期后在体细胞平均寿命中，体细胞数倍增所经历的细胞分裂次数近似为 $N(\infty)$。

对于动物体内特定的器官或组织，其生长过程同样可以用这个模型来描述。

3.2　动物的生长参数推定

若设动物体细胞的平均重量为 ρ，则动物体重量 $W(t)$ 可表示为

$$W(t) = N(t)\rho \tag{1-12}$$

这就是动物以重量表示的生长函数。根据上述讨论可知，动物的生命过程是一个以 λ 和 τ 为主要参数的细胞数量动态变化过程。这意味着生长过程中 DNA 上各种基因是通过对这两个参数的调控来获得一定大小的动物体的。为此需要获得估计这两个参数的方法。在此首先定义动物的生长期 T_g。

【生长期】　在正常生长的条件下，定义体重达到成熟期体重 $W(t)$ 的 99% 所需的时间为生长期 T_g。

这也是细胞总数达到平衡状态 $2\lambda\tau$ 的 99% 所需要的时间。对于人类，若设新生婴儿体重为 3.5 kg，成人体重为 70 kg，那么在式（1-10）中可以得到，当 $t/\tau=5$ 时体细胞总量 $N(t)$ 达到平衡状态的 99.35%。故此时的 t 值近似等于生长期，即有 $T_g \approx 5\mu$。这一结果对于各种动物的生长过程都是成立的。由此得到推定细胞全周期 τ 的重要命题。

【命题 7】　细胞全周期 τ 约等于生长期的五分之一，即

$$\hat{\tau} \approx \frac{1}{5} T_g \tag{1-13}$$

由此命题可以得知，细胞全周期正比于动物生长期。例如，人的生长期约为 25 岁，即 $T_g =$ 25 年时，可以推定 $\hat{\tau} \approx 5$ 年。这样由式（1-11）可以推定体细胞增殖率 $\hat{\lambda}$ 为

$$\hat{\lambda} \approx N(\infty)/(2\hat{\tau}) \tag{1-14}$$

假定成人平均体细胞总数为 6×10^{13} 个[49]，按照 $\hat{\tau} \approx 5$ 年，根据上式可以估计得到每秒人体细胞平均分裂 19.03 万次，或每年平均分裂 6×10^{12} 次。这一结果表明，在生长期之后人的体细胞平均每 5 年更新 1 次，也就是体细胞数量每 5 年倍增一次，补偿死掉的细胞。根据马丁（Martin）等（1970 年）的报告，随年龄增长，人体细胞平均每年分裂 0.2 个倍增次数（PDs），也就是每 5 年倍增 1 次[50]。这一结果与我们的模型是一致的。根据式（1-3）可以推测人体细胞的平均寿命 μ 约为 10 年。表 1-1 为按上述方法估算的一些常见动物的

细胞全周期及体细胞增殖率。基于该表,可以比较不同大小动物之间的生长基本参数差异。

表 1-1　常见动物的细胞全周期及体细胞增殖率

动物	最高寿命/年	生长期/年	细胞全周期 $\hat{\tau}$/年	动物体重/kg	体细胞总数/×(6×10^{13})	体细胞增殖率 $\hat{\lambda}$/×($10^4 \cdot s^{-1}$)
象	70	14	2.8	2 500	35.71	1 213.386
马	50	8.3	1.66	300	4.28	245.273 3
人	120	25	5	70	1	19.025 8
狗	20	3.3	0.66	10	0.142 8	20.590 8
大鼠	3	0.66	0.133	0.25	0.003 57	2.553 4

4. 关于动物生长模型的讨论

4.1　动物的理论生长模型与实际生长曲线

图 1-4 显示若干理论生长曲线应用的典型例子,其中包括人的生长曲线,同时给出一例初生婴儿血红细胞数量的变化曲线。其中(a)(b)为小白鼠和母牛的生长曲线,实际生长曲线数据来源于文献[51][33];(c)为人的生长曲线,其实际生长曲线数据来源于莱尔德(Laird)、达文波特(Davenport)以及后来的瓦茨(Watts)给出的北美和西欧的男女平均体重曲线[52-54];(d)为新生儿出生后 1 μL 血液内红细胞数量的变化曲线。各种动物的生长

参数 τ 以及 λ 按照上一节的方法，τ 可基于实际生长期 T_g 从式（1-13）获得，而 λ 可从式（1-14）获得，利用 τ 和通过式（1-12）估计的 $N(\infty)$。从图 1-4（a）（b）可以看到，小白鼠和母牛这些大小不同的动物，其理论生长曲线都与实际生长曲线十分一致。图 1-4（c）显示人的实际生长曲线在达到成熟期前有一个被称为青春期的特殊阶段，这一阶段初期体量低于理论生长曲线，其后出现一个突增时期，体量很快就与理论曲线同时达到成熟期的体量。这一阶段的局部差异并不影响在其他阶段相同的形态[55]。青春期体量的生长形态在人类及恒河猴等高等灵长类以外的其他动物［图 1-4（a）（b）］中是没有的[55]。我们将对此问题另行讨论。

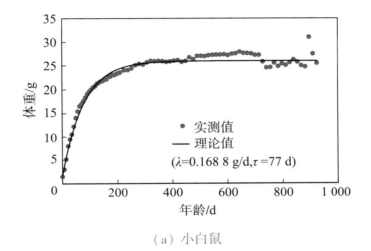

（a）小白鼠

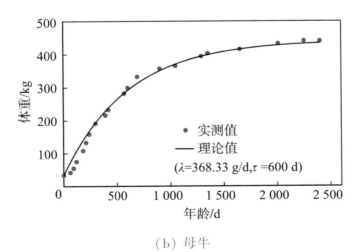

（b）母牛

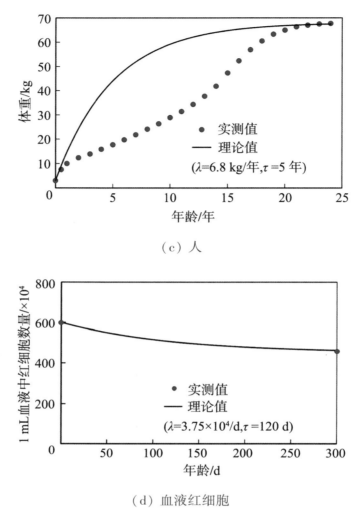

（c）人

（d）血液红细胞

图 1-4　细胞理论生长曲线与实际测定的生长曲线

　　上述讨论也适用于特定类型的细胞群或器官。图 1-4（d）为特定类型的红细胞数量的演变曲线。其作为末端分化细胞，可以直接用典型的出生与死亡模型来表示。已经知道成年男性每微升血液中有大约 450 万个红细胞，即 $N(\infty) \approx 450$ 万[49]，而红细胞平均寿命 $\mu \approx 120$ d[49]。由式（1-11）可估计得知 1 μL 血液中每天约有 3.75 万个红细胞被更新，即 $\lambda = 3.75$ 万/d。另外，已经知道初生婴儿红细胞数量 $N(0) \approx 600$ 万/μL 血液[49]。由典型的出生与死亡模型可得到红细胞数量从出生开始的演变曲线如图所示，理论上经过 5μ 的时间，即约 600 d 即可下降到平衡值 450 万/μL。这个结果显示了细胞数量生长模型，同时也揭示了初生儿红细胞数量下降到成人水平的机制。对于其他类型血细胞的数量演变也得到类似的说明。

4.2　出生时的大小与生长过程

人们已经知道新生儿的大小 m_0 在受遗传特性制约的同时,还受到胎儿发育及营养状况的影响而波动。在生长函数式(1-10)中,可以看到新生儿大小 m_0 对生长曲线的影响主要由 $m_0/(2\lambda\tau)$ 决定。如对 $m_0 = 3.5$ kg,成人大小 $2\lambda\tau = 75.0$ kg 时,二者之比约为 0.05,在生长函数(1-10)中影响很小。分析结果显示,m_0 的波动并不会使生长期以及成熟个体大小产生系统差异。这表明在正常的生存条件下,同种生物的生长期及其个体大小虽然会产生随机的波动,但是它们的期望值 $T_g \approx 5\tau$ 和 $N(\infty) = 2\lambda\tau$ 是不会变化的。这显示了动物发育生理的一个基本特征,即以下命题。

【命题 8】　同种动物有相同的生长期和成年个体大小的期望值。

因此,出生时发育迟缓的动物可以具有与正常个体相同的生长期,并且在生长期后达到正常的成年大小。

4.3　生长参数对生长发育形态的影响

为了理解生长参数对动物生长和发育的影响,图 1-5 显示了一些不同种类动物的生长曲线。这些生长曲线分别用 (λ, τ) 标记,其中 λ 用 1 年中增殖细胞的数量(10^{13} 的倍数)表示,τ 用细胞全周期以年为单位表示。为了比较不同动物物种生长特性,我们对发育速率 v 作了定义。

【发育速率 v】　发育速率 v 为动物体细胞数平衡值 $N(\infty)$ 和生长期 T_g 之比。

由命题 4 与命题 6 可以得到

$$v \approx \frac{2}{5}\lambda \tag{1-15}$$

发育速率 v 表示动物生长达到成熟期的平均细胞增殖率。表 1-2 中列出了常见动物的生长特征参数。

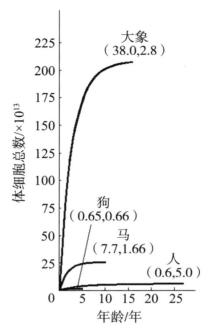

图 1-5　不同大小动物的生长曲线

表 1-2　常见动物的生长特征参数

动物	象	马	人	狗	大鼠
体细胞总数/ $\times 10^{13}$	214.29	25.71	6	0.86	0.021
生长期/年	14	8.3	25	3.3	0.66
发育速率 υ / $\times 10^4 \cdot \text{s}^{-1}$	485.35	98.11	7.61	8.233	1.021

　　由表中可以看到, τ 与 λ 的不同导致各具特征的生长过程以及大小不同的动物。体细胞总数大的动物一般具有较快的发育速率,但是个体比人小的狗,却也可以有比人更快的发育速率。这一结果揭示了自然界中动物不但大小千变万化,而且生长速度千差别的机制。

5. 体形大小及生长期的基因调控路径

5.1　体形大小的基因调控路径及稳衡机制

知道了动物体生长发育过程主要由以(λ,τ)为中心的生长参数系统所调节后,还需要探讨遗传基因是如何调控生长参数系统(λ,τ)的。

人们已经知道,在机体中生命基本单元细胞按照细胞周期的进程吸取组织液中的营养,就可能发育—生长—繁殖。而为了控制体细胞过度增殖,同时必须不断有部分细胞死亡。如前所述,成人体细胞每5年倍增一次,这意味着为了保持身体大小平衡,就必须在该期间死掉同样多的细胞。成年以后的动物就依靠这样的方法保持身体大小平衡。而细胞死亡通过一个复杂的、严格规划的死亡程序来实现。程序性细胞死亡在某种角度上可以看作是一种分化,在这一过程中,特定分化通路激活,产生特异细胞表型,引发细胞凋亡[27]。负责调控和执行细胞凋亡的基因从线虫到人类都高度保守[27]。这样的基因调控过程抑制了体细胞数量的无规增长。此外,在稳定的高浓度营养条件下,体内各种细胞的增殖主要依赖于组织特异的遗传程序以及分子间的信号[5],这意味着体内各种体细胞都具有组织特异的代谢能力及增殖率;因而最终在由各种组织细胞集合成的动物体中,体细胞就有恒定的代谢能力及增殖率λ(图1-3)。由于细胞增殖是指数型的,故对于不同的动物,通过细胞凋亡调节体细胞增殖率的幅度必须足够大,如表1-1中象与大鼠的体细胞增殖率的比值可以高达475,这揭示了自然界中动物体形大小差异极大的根本原因。

另一方面,与程序性细胞死亡一样,如何实现细胞周期停顿对于机体大小的控制同样重要[27]。已经知道,细胞内的控制系统调整细胞分裂周期以控制细胞生长,并在细胞周期(G_1期或G_2期)的特定关卡阻止生长进程[56],使得细胞进入G_0期。而同样地,在细胞内控制系统起作用或受到细胞外信号刺激时,细胞会离开G_0期继续细胞周期进程并完成分化或分裂。迄今我们所了解的G_0期或者G_1期长短似乎有随机性而使得体细胞全周期长短不确定。但是我们的理论已经显示,G_0期的存在直接影响着动物种类特异的平均细胞全周期τ的长度,这意味着G_0期长度并非简单的随机量,其结果使得动物具有确定的生长期和体形大小。但是G_0期对τ长短的影响是线性的。从表1-1可以看到,人和大鼠的细胞全周期比值约为38。这与二者生长期的比值相同。由此可以了解G_0期在动物生长发育中的重要作用。

图1-6为上述遗传基因调节生长特性系统(λ,τ)的机制示意图。基于这样的调节机制,图1-7显示了遗传基因调节决定生长发育进程、动物大小及生长期长短的路径。依靠这一基因调节途径,在充足的营养环境中,在看似错综复杂的细胞增殖-死亡行为背后,一个稳定的生长特性系统支持着各细胞组织的生长和发育。它不仅决定了动物生长期长短和个体大小,同时还保证了生长特性的稳衡遗传。这一系统(λ,τ)正是我们所要发现的生长特性的基因传递特质。

(λ,τ)系统可能由于生理的、病理的或营养环境等因素的影响而发生波动,使得动物体的实际大小和生长期发生变化。当且只有当λ及τ这两个参数或其中之一发生系统的、可遗传的变化时,动物才会发生偏离其原有大小的变化。如由于垂体瘤或垂体腺细胞增生使得生长激素(GH)持久过度分泌所引起的巨人症,是因为发生在骨骼、软组织、内脏等部位的异常增生引起机体体细胞增殖率λ变大而形成的。与此相反的疾病是侏儒症。

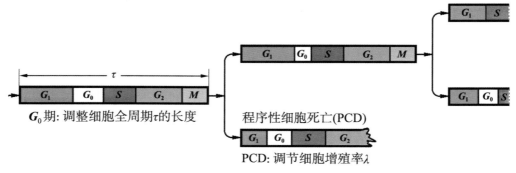

图1-6　遗传基因调节生长特性系统的机制

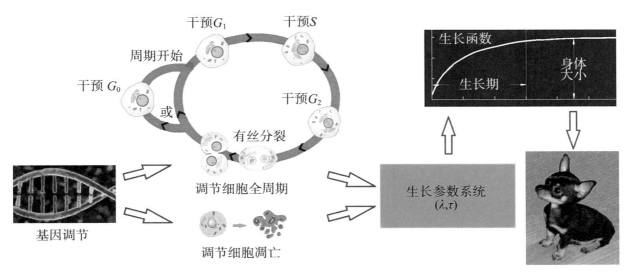

图 1-7　遗传基因调节决定生长发育进程、动物大小及生长期长短的路径

　　动物体依靠体细胞(λ,τ)系统制约生长发育的机制,在生物进化演变过程中具有重要的意义。在生命的进化史中,无论生活环境如何复杂和变化,生命的存在和进化都可以保持稳定和持久。我们相信,稳定而持久地进化的关键,在于其必须依赖一些简约的稳衡进化机制,这也应该是生命进化的基本特征之一。大道至简,大自然总是用最简法则构成自身。本研究显示了简约的(λ,τ)系统调节动物生长发育,这正是在生物进化系统中容许动物类型、大小的多样化而又不会导致混乱与崩坏的原因。

5.2　基因调控改变动物体形大小的探索

　　我们的生长理论模型得到很多基因变异引起动物体形大小变化实验的支持。如人们熟知的敲除 Cdk 抑制因子 p27 的小鼠实验。这些小鼠由于抑制 Cdk 的活性、诱导细胞脱离周期以及阻断细胞的增殖过程等作用失效,结果细胞较之正常情况更快地生长及分裂[57-58]。小鼠 p27 敲除实验报告显示,缺少 p27 的小鼠其体形大于正常小鼠[59-60]。在这个实验中,基因变异的结果是细胞迅速通过G_0/G_1期而使得细胞全周期τ缩短,单位时间内的细胞增殖增多,即体细胞增殖率λ增大。实验小鼠体形大于正常小鼠的结果表明,λ增大不但补偿了τ缩短造成的体重损失,而且超过了正常体重。但是λ的增大并不是无限制的,其受到 p27 降低水平的制约,因此"最终所有器官停止增长"[19]。此外,p27 敲除之后,τ 缩短可能使得动物生长达到平衡的时间即生长期 T_g 缩短。

由于 (λ,τ) 系统由遗传基因所确定,故细胞增殖或死亡不需要预先测知个体大小而决定是否进行。即使组织发生了缺损,如肝脏被切除了一部分,改变了肝脏细胞数量,基于 (λ,τ) 系统,在正常营养及生理条件下,肝脏细胞总数会在一段时间后恢复到原有大小。

在损伤、炎症、组织损坏的情况下,组织修复进程比较复杂,但是并不改变决定机体或器官大小的机制。特别的情况下,某些器官在人体青春期以后或进入衰老阶段以后退化或变小,如胸腺,这表明其细胞的增殖率或细胞全周期发生了变化。

5.3　多倍体动物体形的变异

最后我们讨论备受关注的蝾螈的二倍体和多倍体变种的体形问题。人们很早就已经知道,四倍体蝾螈的细胞大小是二倍体蝾螈细胞的两倍,但是这两种动物中相对应的器官大小都一样,因为四倍体蝾螈体内包含的细胞数是二倍体中所包含细胞数的一半[61]。近期还有报告显示,在野生环境下蝾螈二倍体、三倍体和四倍体杂种共生实验中,四倍体蝾螈比所有其他基因型变态与成熟较晚,体重较重[62]。根据倍性和细胞大小的基本关系,已经知道四倍体细胞的核糖体是二倍体细胞的两倍[49],这使得其细胞大小达到二倍体细胞的两倍。因此,在包括血液循环系统在内的相关营养器官彼此相同的条件下,蝾螈的四倍体变异体一个细胞增殖过程所需的时间应相当于二倍体细胞增殖时间的两倍,即细胞全周期 τ 大约延长一倍。

故若记二倍体和四倍体蝾螈的成体细胞总数为 N_{dip} 和 N_{tet},细胞全周期为 τ_{dip} 和 τ_{tet},根据迄今的实验报告 $N_{tet} \approx N_{dip}/2$ 以及 $\tau_{tet} \approx 2\tau_{dip}$[62],由式(1-11)可以得知四倍体与二倍体的体细胞增殖率之间满足关系 $\lambda_{tet} \approx \lambda_{dip}/4$;又由式(1-13)可以知道四倍体生长期约为二倍体的两倍,即 $T_{g,tet} \approx 2T_{g,dip}$。在上面提到的杂种共生群体中[62],这些关系式所显示的倾向也是十分明显的。由于四倍体蝾螈的细胞全周期延长,细胞增大,因而弥补了因细胞数量减少引起的体积大小损失。

6. 结语

动物大小和生长期长短的控制是一个至今未阐明的生物学基本问题。本研究在对体细胞增殖和死亡数量进行动态分析的基础上建立了动物生长模型,提出探索与阐明动物大小和生长期控制机制的系统生物学方法。通过定义包含 G_0 期在内的细胞全周期 τ 以及体细胞增殖率 λ,导出由体细胞数量表示的动物生长函数。研究显示,生长特性参数 (λ,τ) 系统是遗传基因调节生长过程的传递媒介,并揭示了基因系统通过该传递媒介调控生长发育的路径,阐明基因控制动物大小及生长期的机制。

这部分得到的主要结果包括:

(1)动物生长过程由以细胞全周期 τ 以及体细胞增殖率 λ 为中心的体细胞生长系统调控;

(2)体细胞生长系统是因动物种类而异的、由遗传基因所决定;

(3)在动物生命过程中,遗传基因通过控制体细胞全周期以及细胞凋亡率确立一个稳恒的体细胞生长系统;

(4)动物个体大小及生长期长短由体细胞生长系统决定,它们的变异源自该系统的改变;

(5)营养条件及生理病理偶发因素通过影响生长系统使动物大小和生长期随机波动。

这些由系统生物学分析所得出的理论,不仅开拓了生命科学、分子细胞生物学及遗传基因科学新的研究途径,同时为揭示生命的秘密、走出迄今的困境迈出一大步。

［1］NEUFELD T P, EDGAR B A. Connections between growth and the cell cycle［J］. Curr Opin Cell Biol, 1998, 10(6): 784-790.

［2］LEEVERS S J, McNeill H. Controlling the size of organs and organisms［J］. Curr Opin Cell Biol, 2005, 17(6): 604-609.

［3］CONLON I, RAFF M. Size control in animal development［J］. Cell, 1999, 96(2): 235-244.

［4］LI N, DAS K, WU R L. Functional mapping of human growth trajectories［J］. J Theor Biol, 2009, 261(1): 33-42.

［5］MORGAN D O. The cell cycle: principles of control［M］. London: New Science Press Ltd, 2007.

［6］BASERGA R. The biology of cell reproduction［M］. Cambridge MA: Harvard University Press, 1985.

［7］THOMPSON D. On growth and form［M］. London: Cambridge University Press, 1961.

［8］WEIGMANN K, COHEN S M, LEHNER C F. Cell cycle progression, growth and patterning in imaginal discs despite inhibition of cell division after inactivation of Drosophila Cdc2 kinase［J］. Development, 1997, 124(18): 3555-3563.

［9］BÖHNI R, RIESGO-ESCOVAR J, OLDHAM S, et al. Autonomous control of cell and organ size by CHICO, a Drosophila homolog of vertebrate IRS1-4［J］. Cell, 1999, 97(7): 865-875.

［10］LEES E. Cyclin dependent kinase regulation［J］. Curr Opin Cell Biol, 1995, 7

（6）：773-780.

[11] EDGAR B A, O'FARRELL P H. The three postblastoderm cell cycles of Drosophila embryogenesis are regulated in G2 by string[J]. Cell, 1990, 62(3): 469-480.

[12] HARA E, SMITH R, PARRY D, et al. Regulation of p16CDKN2 expression and its implications for cell immortalization and senescence[J]. Mol Cell Biol, 1996, 16(3): 859-867.

[13] SERRANO M, LEE H W, CORDON-CARDO C, et al. Role of the INK4a locus in tumor suppression and cell mortality[J]. Cell, 1996, 85(1): 27-37.

[14] RAFF M C. Size control: the regulation of cell numbers in animal development[J]. Cell, 1996, 86(2): 173-175.

[15] MARTIN S J, GREEN D R. Protease activation during apoptosis: death by a thousand cuts?[J]. Cell, 1995, 82(3): 349-352.

[16] SHERR C J, ROBERTS J M. Inhibitors of mammalian G1 cyclin-dependent kinases [J]. Genes Dev, 1995, 9(10): 1149-1163.

[17] DENG C, ZHANG P, HARPER J W, et al. Mice lacking p21CIP1/WAF1 undergo normal development, but are defective in G1 checkpoint control[J]. Cell, 1995, 82(4): 675-684.

[18] REYNISDOTTIR I, POLYAK K, IAVARONE A, et al. Kip/Cip and Ink4 Cdk inhibitors cooperate to induce cell cycle arrest in response to TGF-beta[J]. Genes Dev, 1995, 9(15): 1831-1845.

[19] DENIS N, KITZIS A, KRUH J, et al. Stimulation of methotrexate resistance and dihydrofolate reductase gene amplification by c-myc[J]. Oncogene, 1991, 6(8): 1453-1457.

[20] CLAVERÍA C, GIOVINAZZO G, SIERRA R, et al. Myc-driven endogenous cell competition in the early mammalian embryo[J]. Nature, 2013, 500(7460): 39-44.

[21] RUSSO A A, JEFFREY P D, PATTEN A K, et al. Crystal structure of the p27Kip1 cyclin-dependent-kinase inhibitor bound to the cyclin A-Cdk2 complex[J]. Nature, 1996, 382(6589): 325-331.

[22] HOSHINO R, CHATANI Y, YAMORI T, et al. Constitutive activation of the 41-/ 43-kDa mitogen-activated protein kinase signaling pathway in human tumors[J]. Oncogene,

1999, 18(3): 813-822.

[23] KALAANY N Y, SABATINI D M. Tumours with PI3K activation are resistant to dietary restriction[J]. Nature, 2009, 458(7239): 725-731.

[24] WHITMAN M, KAPLAN D R, SCHAFFHAUSEN B, et al. Association of phosphatidylinositol kinase activity with polyoma middle-T competent for transformation[J]. Nature, 1985, 315(6016): 239-242.

[25] NEUFELD T P, DE LA CRUZ A F, JOHNSTON L A, et al. Coordination of growth and cell division in the Drosophila wing[J]. Cell, 1998, 93(7): 1183-1193.

[26] VAN HEYNINGEN P, CALVER A R, RICHARDSON W D. Control of progenitor cell number by mitogen supply and demand[J]. Curr Biol, 2001, 11(4): 232-241.

[27] ARIAS A M, STEWART A. Molecular principles of animal development[M]. Oxford: Oxford University Press, 2002.

[28] GOKHALE R H, SHINGLETON A W. Size control: the developmental physiology of body and organ size regulation[J]. Wiley Interdiscip Rev Dev Biol, 2015, 4(4): 335-356.

[29] CARR J, PEARSON G, ADAM J, et al. The growth of the pig[M]. Palmerston North: Massey University, 1979.

[30] PARKS J R. Growth curves and the physiology of growth[J]. Am J Physiol, 1970, 219(3): 833-836.

[31] KIM H, LIM R, SEO Y, et al. A modified von Bertalanffy growth model dependent on temperature and body size[J]. Math Biosci, 2017, 294: 57-61.

[32] CRICKMORE M A, MANN R S. The control of size in animals: insights from selector genes[J]. Bioessays, 2008, 30(9): 843-853.

[33] WEST G B, BROWN J H, ENQUIST B J. A general model for ontogenetic growth [J]. Nature, 2001, 413(6856): 628-631.

[34] TEXADA M J, KOYAMA T, REWITZ K. Regulation of body size and growth control[J]. Genetics, 2020, 216(2): 269-313.

[35] STEVENS C F. Control of organ size: development, regeneration, and the role of theory in biology[J]. BMC Biol, 2015: 13-14.

[36] BUZI G, LANDER A D, KHAMMASH M. Cell lineage branching as a strategy for

proliferative control[J]. BMC Biol, 2015, 13(1): 1-15.

[37] EDER D, AEGERTER C, BASLER K. Forces controlling organ growth and size [J]. Mech Dev, 2017, 144(Pt A): 53-61.

[38] WATSON J D, BAKER T A, BELL S P, et al. Molecular biology of the gene[M]. 6th ed. New York: Cold Spring Harbor Laboratory Press, 2007.

[39] JOHNSTON G C, PRINGLE J R, HARTWELL L H. Coordination of growth with cell division in the yeast Saccharomyces cerevisiae[J]. Exp Cell Res, 1977, 105(1): 79-98.

[40] WEIGMANN K, COHEN S M, LEHNER C F. Cell cycle progression, growth and patterning in imaginal discs despite inhibition of cell division after inactivation of Drosophila Cdc2 kinase[J]. Development, 1997, 124(18): 3555-3563.

[41] NEUFELD T P, DE LA CRUZ A F, JOHNSTON L A, et al. Coordination of growth and cell division in the Drosophila wing[J]. Cell, 1998, 93(7): 1183-1193.

[42] GORCZYKA W, GONG J, ARDELT B, et al. The cell cycle related differences in susceptibility of HL-60 cells to apoptosis induced by various antitumor agents[J]. Cancer Res, 1993, 53(13): 3186-3192.

[43] FADEEL B, ORRENIUS S. Apoptosis: a basic biological phenomenon with wide-ranging implications in human disease[J]. J Intern Med, 2005, 258(6): 479-517.

[44] MCCARTHY N J. Why be interested in death? [M]//JACOBSON M D, MCCARTHY N J. Apoptosis. Oxford: Oxford University Press, 2002: 1-22.

[45] FELLER W. An introduction to probability theory and its applications (Vol.2) [M]. New York: John Wiley and Sons, 1966.

[46] ALFONSO M A, ALISON S. Molecular principles of animal development[M]. Oxford: Oxford University Press, 2002.

[47] SANDLAND R L, MCGILCHRIST C A. Stochastic growth curve analysis[J]. Biometrics, 1979, 35(1): 255-271.

[48] RICHARDS F J. A flexible growth function for empirical use[J]. J Exp Bot, 1959, 10(2): 290-301.

[49] FLINDT R. Amazing numbers in biology[M]. Berlin: Springer-Verlag, 2006.

[50] MARSHAK D R, GARDNER R L, GOTTLIEB D. Stem cell biology[M]. New

York：Cold Spring Harbor Laboratory Press，2001.

［51］ROBERTSON T B. The analysis of the growth of the normal white mouse into its constituent processes［J］. J Gen Physiol，1926，8(5)：463-507.

［52］LAIRD A K. Evolution of the human growth curve［J］. Growth，1967，31(4)：345-355.

［53］DAVENPORT C B. Human growth curve［J］. J Gen Physiol，1926，10(2)：205-216.

［54］WATTS E S. Evolution of the human growth curve［J］. Human Gowth，1986：153-166.

［55］TANNER J M. Growth at adolescence［M］. 2nd ed. Oxford：Blackwell Scientific，1962.

［56］NURSE P. The genetic control of cell volume, in the evolution of genome size［M］. John Wiley & Sons Inc，1985.

［57］KARP G. Cell and molecular biology：concepts and experiments［M］. 3rd ed. John Wiley & Sons Inc，2002.

［58］POLYAK K, KATO J Y, SOLOMON M J, et al. p27Kip1, a cyclin-CDK inhibitor, links transforming growth factor-β and contact inhibition to cell cycle arrest［J］. Genes Dev，1994，8(1)：9-22.

［59］NAKAYAMA K, ISHIDA N, SHIRANE M, et al. Mice lacking p27Kip1 display increased body size, multiple organ hyperplasia, retinal dysplasia, and pituitary tumors［J］. Cell，1996，85(5)：707-720.

［60］FERO M L, RIVKIN M, TASCH M, et al. A syndrome of multiorgan hyperplasia with features of gigantism, tumorigenesis, and female sterility in p27 (Kip1)-deficient mice ［J］. Cell，1996，85(5)：733-744.

［61］FANKHAUSER G. Nucleo-cytoplasmic relations in amphibian development［J］. Int Rev Cytol，1952，1：165-193.

［62］LICHT L E, BOGART J P. Growth and sexual maturation in diploid and polyploid salamanders (genus Ambystoma)［J］. Canadian Journal of Zoology，1989，67(4)：812-818.

第二部分

生命中的生命力-能系统

——揭开衰老不可逆机制的基础

1. 导言

　　人的一生中生命力由弱变强，然后再由强变弱的现象，早已为人们所认识。这是一个与生命能代谢关联的最重要的生命现象，但是生命力现象至今没有被严谨地解析过，如阐明在科学意义上的生命力是什么，它是如何产生、在生命过程中扮演着什么样的角色，以及它为什么会呈现那样的变化。在自然界中与人的生命力的变化类似的现象还有许多，如家蚕能够吐出长度超过1 000 m的茧丝［图2-1（a）］，其粗细随着吐丝进程由细变粗，再由粗变细[1]；昆虫一生中排泄的粪便大小呈现类似的变化[2]。此外，从人手握力大小随年龄的变化曲线中也可以看到同样的趋势[3-4]。而与生命力的变化相对，人们熟知的生命能的基础代谢率[5]曲线则从出生时的最大值开始就单调地下降，一直到死亡［图2-1（b）］[6-7]。

　　在当今的医学生物学理论中，对于生命过程中生命能的认识，主要只是停留在基础代谢曲线的发现及其为机体供能的一般的描述上，生命力和生命能在生命系统中的作用模式及其重要性远远没有被阐明。这样的原因使得人们在对生命的认知中始终存在着一些备受关注而又长期没有得到解答的问题，如几十年来一直困扰着生物学家的衰老机制和寿命限制问题[8]。事实上，近100多年来有超过300种理论被提出来解释衰老过程[9]，但迄今还没有一种理论被科学家普遍接受[10]。这些现象本身也在提示我们，只是在传统生物学、医学生理学和细胞分子生物学的"城堡"内部来解决这些生物学基本问题是十分困难的。同时也启示我们，面对这些涉及生命体内生命能作用的问题，首先需要解释作为一个活体，生命能源及其动力机制如何推动生长发育以及机体功能活动的问题。我们意识到，以上两类曲线提示着与生命力及能量代谢相关联问题的探索之路，它们的形态形成及其形成机制的阐明，可能是我们得以回答这些问题的关键。

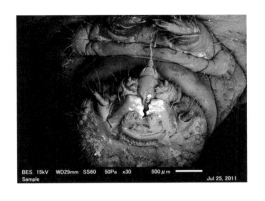
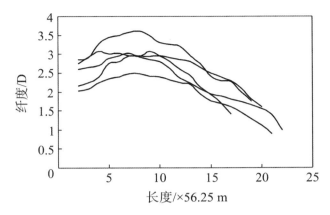

（a）茧丝纤度曲线

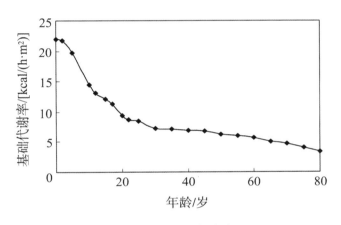

（b）基础代谢率曲线

注：1 kcal＝4.184 kJ。

图 2-1　与生命力和生命能相关的曲线

　　100 多年前,鲁布纳（Rubner）（1908 年）提出生命速率理论（Rate-of-Living Theory）。该理论显示了寿命与代谢速率之间有紧密关系,并说明动物新陈代谢的速度限制了它们的寿命[11]。后来的一系列实验也确认了动物新陈代谢速度减慢时寿命会增加的事实[12]。很长时间以来,长寿研究的传统智慧曾经认为生物的寿命大体与它的体量大小成正比,与心脏速率成反比[13]。老龄化研究的一个重要发现是 1939 年观察到限制小鼠和大鼠的热量摄入可延长寿命[14]。随后,这一发现在多种物种中也被证实,如控制线虫饮食延长线虫寿命[15],降低体温有利于延长寿命[16],限制饮食[17-18]和热量[19-20]延缓衰老等。

　　近 30 年来,很多专著整理并记录了与老龄化有关的研究工作,如早期的克拉克

（Clark）（1999 年）的著作[21]。近年来关于衰老研究的综述[8]及衰老生物学著述[22]都全面地论及与衰老、寿命相关的现象，包括代谢率、性别差异、食物减量或热量限制、动物体型与体温差异等。特别是关于老龄化机制研究的诸多报告，分别反映各个方向的研究成果，包括自由基理论[23]、免疫理论[24]、炎症理论[25]、线粒体理论[26]、氧化应激理论[27]、细胞衰老理论[22]、衰老遗传学、衰老表型的遗传途径、老龄化分子机制[8]等。

但是在长期的老龄化研究的同时，人们提出了很多问题。如对于新陈代谢速度限制寿命的说法，某些鸟类新陈代谢速度是哺乳动物的数倍，但是它们仍然能够活得很长[28]。对于寿命正比于体量的说法，一般蝙蝠和鸟类虽小，但往往可以活得比许多大型动物要长[28]。对于备受关注的热量限制延长寿命的问题，史蒂文（Steven）的著作 *Why we age* 认为，限制老鼠的饮食量可以延缓衰老这一点已无争议，但是没有人知道为什么限制食物的摄取会延缓衰老[29]。但是后来的动物研究已表明限制饮食没有普遍的有效性[8][30-32]。虽然迄今的老龄化研究提示了各种与延长寿命和减缓衰老相关的现象，为理解伴随着衰老发生的细胞形态、生理和组织机能变化提供了有用和重要的见解，但是由于这些研究没有阐明这些现象发生为什么与寿命、衰老有关，所以无法解释这些特别的情况。在这样的背景下，关于衰老的一个全局视图，在对一个某些方面仍然模糊不清的过程进行讨论时是必要的[20]。

此外，在探索衰老的形成模式，研究其机制方面，20 世纪中期斯特勒（Strehler）和密德文（Mildvan）提出死亡动力学的原理，其表明当应力大小超出生物体对其的最大补偿能力时生物体死亡[33]。萨赫（Sacher）和特鲁科（Trucco）（1962 年）提出了一个人体衰老的数学模型，将生理老化描述为一个过程，该过程在一个多元的状态中保持动态平衡[34]。在生命体内能量方面，对于能量的流动与分配，科艾曼斯（Kooijman）[35]提出动态的能量收支理论，该理论用简单的机制性的规则来描述有机体吸收、利用能源和营养物质，以及其对于生理组织的影响。然而，这些衰老模型及理论缺乏对生命过程中支撑生命活动的能量代谢动态变化的准确理解，因此仍未能揭示衰老进程的机制。

近几十年来，分子细胞生物学的发展有力地推动了衰老生物学研究的进步[36]，衰老生物学通过各种方法，如鉴定可延长多细胞模型生物寿命的基因变体[8]等，不断地发现调节寿命的基因与探索基因决定寿命的道路以及衰老表型的遗传途径。例如，1993 年有研究证实，当线虫基因中的 daf-2 发生突变时，其寿命是正常成虫的两倍[37]。随后又有研究发现两个 daf 家族基因影响着幼体发育和成虫寿命[38]。继而又有报告指出，限制线虫饮食时会出现某些衰老基因的表达受到抑制、体内丙酮酸盐的水平上升等结果[15]。另一方面，对于一些典型的生物体，如酿酒酵母、线虫、果蝇以及小鼠，在影响它们寿命的基因和基因通路的研究上[39-42]，人们在发现一些新的基因的同时，也认识到一定存在其他与寿命相关的基因和基因通路有待发现与阐明[22]。许多生物老年学家都已经认识到，寿命不是取决于单个基因或者一组基因，而是取决于基因表达和控制基因表达的过程[22]。概要地说，虽然早就知道寿命是一种可遗传的特性，并证实了基因决定寿命的想法[43]，同时认识到寿命可能涉及成百上千个基因，但是迄今人们并不知道这些基因是如何协同作用决定寿命和衰老进程的。因此，关于衰老的研究从识别衰老表型转变为研究这些表型的遗传途径，力图揭示细胞内信号通路和高阶过程的复杂网络[44]。在哺乳动物衰老研究中，人们意识到当前的一个局限是缺乏可靠且易于测量的衰老表型生物标记[36]。这意味着在基因影响衰老与寿命的信号通路上，还缺失一个重要的环节，遗传信息经过这一环节的信号传递与表达，调节机体的某些生理特性，最终影响到衰老进程和期望寿命。只有阐明这一环节，才有可能获得测量衰老表型的生物标记。现在已经得知，端粒长度作为生命的时钟，使人们得到一个了解寿命和衰老进程的标尺[45-46]。但是，什么机制调节着端粒长度进而表征着衰老进程的问题，依然需要被解决。

在衰老研究中，人们已经注意到与生命活动的能量腺苷三磷脂（ATP）有关的某些因素，如于老鼠线粒体中过度表达人的过氧化氢酶可以延缓寿命的实验报告[47]。几十年前就有报告提出，老化可能是一种在体细胞中减少错误调节的节能策略[48]。并且有报告指出，随着年龄的增加，细胞质及线粒体中的氧化修饰的蛋白质的水平提高，而这种变化与细胞内 ATP 水平的下降有关[49]。在过去的十年中，越来越多的证据已经表明线粒体功能障碍和与老化有关的主要表型之间的因果关系[50]，因此线粒体在老化过程中的核心作用受到越来越多的关注。此外，衰老红细胞内的 ATP 水平下降[51-52]；衰老的细胞中线粒体的数目减少，呼吸作用减弱，以致衰老细胞缺乏能源等[53-54]都已经有报道。已有的结果显示，迄今关于生命体中的能量作用的研究是局部的、分散的，缺乏揭示生命能系统运作过程的探究。特别是对于与衰老进程和寿命期待相关联的各种组织及细胞生理现象的产生，生命能系统所发挥的根本性的作用仍没有被认识。这提示我们需要揭示生命过程中以生命能为基础的生命力推动生长、发育及各种器官机能活动的机制，以便阐明这些生命现象的真实面貌。

我们注意到生命过程是一个物质与能量转换的代谢过程。外源营养物质进入体内消化以后,以糖类、氨基酸或脂肪等形式在体内存储,或由循环系统将生命物质分子输送到身体的各个部分,不断地在各种细胞线粒体的氧化代谢中转化为细胞可利用的能量形式即ATP,为生命活动供能。此外,生成的ATP能够持续地转化为腺苷二磷酸(ADP)并释放能量驱动生化反应发生[22],生成各种高级的有序结构。基于这种认识,我们认为揭示体内能量代谢的演变轨迹将是阐明生命活力变化机制的关键,同时提出并论证了一个以生命质能代谢过程为基础的生命力-能的系统理论。研究结果显示,生命力-能系统结构是构成生命体及生命过程的基本特征的基础,它阐明了很多迄今无法说明的生命现象的发生机制。这些结果提供了一个关于生命及其衰老过程的全局视点,使得过去对生命及衰老过程的各种认知在统一的系统理论中得到了整合,不再相互孤立和相互矛盾,并且让它们之间的关系中模糊不清的方面被阐明。

2. 生命力-能系统的构建

2.1　生命中生命能的标识及生命能单元

生命体作为生命物质与能量的统一体,根据生命活动的需要,能量的储存或消耗形式是多样的,而在细胞内携带与转移能量的活化载体分子也有不同的形式。但生命活动的最主要直接能源分子是ATP。在活细胞的线粒体中,ATP分子由营养物质通过氧化代谢合成。ATP向ADP转化时会释放能量,驱动生化反应的发生。据报道,人体在休息状态下每天消耗的能量需要通过水解144 mol,即相当于73 kg的ATP来提供[55-56]。也有报道称,静息者 24 小时内消耗约 40 kg 的 ATP[57-58]。又据估计,人体每天通过氧化磷酸化产生的 ATP 大于 160 kg[59]。在进行激烈运动时,骨骼肌中 ATP 的水解速率较静止时可增加达 100 多倍[49]。文献显示,人在 20 岁时 ATP 生产达到顶峰,随着衰老的发生,我们的身体生产 ATP 的能力逐渐减退[49][60],并且 ATP 生产能力可以减少高达 50%[61],故体内的能量水平伴随着年龄而下降[62]。由这些记录可以看到,虽然对于每天人体内 ATP 生产与消耗量的推测仍存在差异,但是对于 ATP 伴随着年龄变化的运转速率反映了人的生命活力状态这一点的认识是明确的。为此,本研究中将以生物体内 ATP 的量,包括体内存在的以及体内生命物质可转换获得的 ATP 量,作为它的生命能的标识,并将 1 mol 的 ATP 量定义为生命能单元(life energy unit,LEU)。其他可能的生命能载体,它们所负载的能量值可以等价换算为 ATP 单元的数量。一个生命体内的 LEU 总量,包括体内所有形式的能量,即潜在的或显在的,就是其生命能的总量。同时,我们还将用 ATP 的运转状况表示生命活力的状态。

2.2　生命能及其动态结构

由于出生以前胎儿与母体连在一起,其新陈代谢依靠母体进行,只有在出生以后才成为一个独立生存的个体,因此我们讨论一个生命过程时,以其出生时刻作为生命的起点。这时候新生儿已经具备生存与发育的基本功能及所需要的初始生命能。在这里,我们定义生命能如下。

【生命能】　生命能(life energy)是储存在生物体内维持生命生存和活动的能量。生物体的生命能主要以生命物质形式储存,它的测度以等效的生命能单元(life energy unit,LEU)的多少表示。

记动物的出生时点为原点,t 时的生命能为 $W(t)$,这里 t 为年龄。设初始生命能 $W_0 = W(0)$,$W(t)$ 是一个连续的动态过程,由于生命能消耗与补充而随年龄不断地变化。在本文讨论的生物体正常生存状态下,所有的时间函数都视为该时间上的期待值函数。此外,在自然界中,环境条件对动物生命进程影响很大,即使是"同源种群"之内个体之间的生长与代谢形态也可能产生很大的波动[63]。为了减少种群之间差异的影响,本文的模型界定为以"同源种群"为主要对象。

我们这样描述生命能的动态结构：生命体以初始生命能 W_0 开始生命的历程。在整个生命过程中，生命能不断地经两个途径消耗，一是用于维持生命活动的能量消耗 $W_1(t)$；二是以生长发育的形式，形成各种特化细胞并构建生命体的组织与器官，即转化为生命物质形式，将其记为 $W_2(t)$。这部分生命能一般不直接被用于生命活动，只有在特别的情况下，生命物质可以转换成可利用的生命能的形式。与生命能消耗进程同时，生命能通过外源的营养物质被补充，进入机体后经过同化作用成为生命能的物化储备形式，传递并储存到每一个体细胞中，记其为 $W_3(t)$。这部分物化形式的生命能在生命过程中持续地为两个消耗途径供能。这样生命能的动态结构可以表示为

$$dW(t) = -dW_1(t) - dW_2(t) + dW_3(t) \qquad (2\text{-}1)$$

我们称式（2-1）为生命能代谢动态平衡方程，其所描述的系统称为生命力-能系统。图 2-2 给出生命能代谢动态结构的示意图。图中显示，进食的营养物质以吸收率 k_3 被运送到全身细胞 $M(t)$ 并进入生命能总"盘子" $W(t)$ 中；$W(t)$ 以转化率 k_1 供给全身细胞 $M(t)$ 生命活动所需要的能量 $W_1(t)$；同时 $W(t)$ 的一部分以组织率 k_2 及生长强度 $G(t)$ 构建机体，即以生命物质的形式存在，它在必要时可以转变为用于维持生命的能量。目前生命体生命能的总量尚无法简单地测量，但是在后面我们将从生命能代谢的动态平衡关系对人类的生命能总量进行近似的推测。

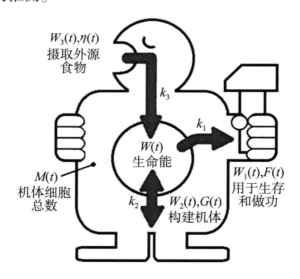

图 2-2 生命能代谢动态结构模型

2.3　生命中的能量代谢界面及成熟度

在生命力-能系统中,我们首先关注生命能形式转换的代谢界面,也就是体内生命能形式转换的通道大小。由于 ATP 及蛋白质的合成与水解反应都发生在细胞中,因此能量转换的界面可以用体内的细胞总量多少来测度。生物体的细胞总数随着年龄 t 而变化,也被作为生长函数使用[64],反映了生物体成熟的程度。基于此,我们就将动物的能量转换界面大小以成熟度来表示。

【成熟度】　成熟度(maturity rate,MR)$M(t)$ 为生命体中吸收或释放生命能时能量转换界面的测度。

成熟度表示生命能转换为生命力,或外源性储能物质在体内转换为生命能的通道大小。在本研究中,我们采用适用于生物体细胞生灭过程的生长模型[64-65]表示成熟度,它是理查德生长模型(Richards Growth Model)[66-68]的特殊形式。记机体的体细胞增殖率为 λ,细胞全周期为 τ,初生时的细胞数为 m,则成熟度 $M(t)$ 可表示为[64]

$$M(t) = 2\lambda\tau\left[1 - \left(1 - \frac{m}{2\lambda\tau}\right)\exp\left(-\frac{t}{\tau}\right)\right] \tag{2-2}$$

成年以后的成熟度渐近平衡态,即 $\lim\limits_{t\to\infty} M(t) = 2\lambda\tau$。

2.4　生命力及生命力强度

【生命力】　生命力(life power)$F(t)$ 为生命体维持生命活动的动力,以 t 时刻消耗生命能单元(life energy unit,LEU)的速率,即单位时间内消耗的 ATP 量表示。

生命力不是物理力或化学力(直接推动生化反应的作用)。但由于 ATP 的消耗可以导致物理力或化学力的产生,其测度可通过一些方法测定,如蚕吐丝时压出的液状丝的压力,人手的握力、腕力等,或者通过生化反应产物生成速度测定等方法间接显示。根据生命力的定义,我们得到以下命题。

【命题1】 在$(t,t+dt)$中用于生命活动的生命能消耗量$-dW_1(t)$满足

$$-dW_1(t) = -F(t)\,dt \tag{2-3}$$

对于一定的成熟度$M(t)$,可以定义生命力强度如下。

【生命力强度】 生命力强度(life power intensity)为生命力与成熟度的比值。记为$P(t)$,即有

$$P(t) = \frac{F(t)}{M(t)} \tag{2-4}$$

这也就是单位转换界面(unit conversion interface)内生命能单元的平均消耗速率。根据我们对生命现象的认知推断:(1) 生命体中细胞(单位转换界面)在单位时间内消耗的生命能是有限的;(2) 不同种生物体细胞(单位转换界面)在单位时间内消耗的生命能平均值不同,但是都与各生命体的生命能总量呈正相关,相关系数由于各种生物的基因及其表达进程的差异而不同。基于该推断,我们得到下面的重要命题。

【命题2】 生命力强度与生命能总量成正比。即

$$P(t) = k_1 W(t) \tag{2-5}$$

式中相关系数k_1称为转化率(conversion rate),是一个主要由基因所决定的参数,表示在消耗生命能时,1单位生命能引发的生命力强度,即单位能量转换界面在单位时间内转换1单位生命能到做功能力的倍率。对于在正常生活环境中的特定的生物体,转化率k_1为一定值,但是它可能会由于环境条件和生活习惯的变化而随机变化。

2.5　生长强度

在生物体发育阶段中,生命能的一部分消耗用于组建细胞组织,构成机体支架,使得这部分能量以生命物质形式储存起来。发育终止时组建进入动态平衡阶段。为了表示与生命能的消耗有关的生长速度,定义生长强度如下。

【生长强度】 生长强度(growing strength)为生命过程中成熟度$M(t)$的增长率,记为$G(t)$。

由成熟度函数式(2-2)微分得

$$G(t) = \frac{dM(t)}{dt} = 2\lambda - \frac{M(t)}{\tau} \tag{2-6}$$

从式中可以看出,生长强度由成熟度为 $M(t)$ 时细胞新生与死亡速度之差来表示。它在生命初期阶段最大,随着发育进程逐渐减小,成年以后渐近于零。

【命题3】　在 $(t, t+dt)$ 中用于构建机体组织的生命能微元 $-dW_2(t)$ 与 $G(t)dt$ 成正比

$$-dW_2(t) = -k_2 G(t) dt = -k_2 \left(2\lambda - \frac{M(t)}{\tau}\right) dt \tag{2-7}$$

式中比例系数 k_2 称为组织率(construction rate,CR),是一个主要由基因决定的参数,表示单位时间内细胞数量增长1单位所需要的生命能。对于在正常生活环境中的特定生物体,虽然存在若干随机干扰,但组织率 k_2 仍有一定的期望值。作为消耗生命能的部分,$-dW_2(t)$ 一般是负值。但在特殊情况下,当单位时间内体内增殖细胞的数量少于死亡细胞的数量时,生长强度 $G(t)$ 变为负增长,$-dW_2(t)$ 将变为正值,这表示机体的组织成分被消耗后转变为可供生命活动利用的生命能。生命能急速消耗型疾病如癌症后期或老年化等,属于这样的情况。

2.6　吸收力与吸收强度

生命能的主要来源是外源性食物和氧气。无论是以生命物质形式储能还是直接为细胞供能,都补充了生命能的量。在有充足食物供给的条件下,我们给出以下定义。

【吸收力】　吸收力(absorption power,AP)为生物个体通过吸收食物中的营养物质而转化为生命能的能力,用补充生命能的速率表示,记为 $\eta(t)$,是年龄 t 的函数。

【命题4】　在 $(t, t+dt)$ 中通过吸收食物中的营养物质而转化为生命能微元的部分 $dW_3(t)$ 满足

$$dW_3(t) = \eta(t) dt \tag{2-8}$$

【吸收强度】　吸收强度(absorption power intensity,API)为吸收力与成熟度的比值,记为 $Q(t)$,其满足

$$Q(t) = \frac{\eta(t)}{M(t)} \qquad (2\text{-}9)$$

由此,我们得到以下命题。

【命题5】 吸收强度与生命能总量成正比。即

$$Q(t) = k_3 W(t) \qquad (2\text{-}10)$$

式中系数 k_3 称为吸收率(absorption rate,AR),是一个主要由基因决定的参数,表示 1 单位生命能引发的吸收强度。对于在正常生活环境中的特定动物,吸收率 k_3 为一定值,但是它可能会由于环境条件和生活习惯的变化而随机变化。

3. 生命能与生命力函数

假设动物有充足的营养供给,则由式(2-1)~(2-10)可以得到以下微分方程

$$dW(t) = -(k_1 - k_3)M(t)W(t)\,dt - k_2\left(2\lambda - \frac{M(t)}{\tau}\right)dt \qquad (2\text{-}11)$$

由初始条件 $W(0) = W_0$,解此微分方程可得到生命能函数(附录一)为

$$W(t) = \frac{k_2}{\tau(k_1 - k_3)}(1 - e^{-A(t)}) + \left(W_0 - 2k_2\lambda \int_0^t e^{A(x)}\,dx\right)e^{-A(t)} \qquad (2\text{-}12)$$

式中

$$A(t) = (k_1 - k_3)\int_0^t M(x)\,dx \qquad (2\text{-}13)$$

由式(2-4)(2-5)可得生命力强度及生命力函数

$$P(t) = k_1 W(t) \qquad (2\text{-}14)$$

$$F(t) = k_1 W(t) M(t) \qquad (2\text{-}15)$$

与生命力类似,还可以导出吸收强度 $Q(t)$ 与吸收力 $\eta(t)$ 函数。基于以上分析,我们可以

得知动物的生命力及生命能在生命过程中的变化是动物遗传信息系统所传达的生命能代谢特性参数 k_1、k_2、k_3 以及生长特性参数 λ、τ 协同作用的结果。这些参数对生命进程的作用,我们将在后面进行讨论。此外需要说明的是,本研究模型忽略病理因素和意外伤害对生命进程的影响。

4. 生命系统结构的重新认知

　　基于长期以来人们对于生命系统的认知,以及由本书提出的旨在填补该认知中的一个重大缺陷的生命力-能系统的研究,我们深刻地意识到需要重新认识与表达生命的特征结构。为此我们提出一个如图 2-3 所示的生命体系统结构模型。该模型显示生命必须由三大系统组成:

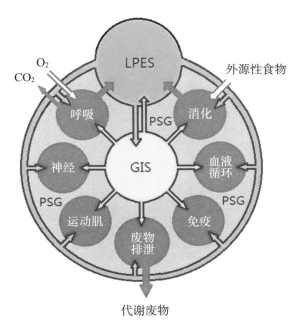

Ⅰ.遗传信息系统(GIS)、Ⅱ.生命力-能系统(LPES)、Ⅲ.生理子系统群(PSG)。

图 2-3　生命的生物学结构三大系统及其关系模式

（1）遗传信息系统（genetic information system，GIS）；

（2）生命力-能系统（life power-energy system，LPES）；

（3）生理子系统群（physiological subsystem group，PSG）。

在该模型中，前两个系统（遗传信息系统和生命力-能系统）是生命生存繁衍的基础。遗传信息系统提供生命构建的基本信息，也是生命构建的设计图；生命力-能系统是保证生命生存及活动所需要的能量以及动力的系统。第三个系统生理子系统群是进行生命活动的功能系统。

具体地说，遗传信息系统保存以及传达动物发育和生长的基本模式和各种细胞代谢功能信息，并在生命过程中表达各种细胞增殖和死亡模式的基本特征信息，以确定组织器官的形态、功能、大小。在 100 多年前，孟德尔（Mendel）就已经发现基因与决定生物结构和功能的蛋白质之间 1 - 1 的对应关系。从一个受精卵出发，直至发育成为一个独立的个体，其中的每一个细胞、组织、器官的形成过程，都精确地按照遗传信息系统进行。这个系统是生命体世世代代繁衍生长并保持特定形态的基础。所有生物的进化与演变都是在遗传信息系统中累积与表达的结果。这部分的理论，我们在第一部分已经进行了讨论，其结果显示，基于这一信息系统的繁衍传递，生物体的大小和预期寿命被决定。

其次，在生物体的生命过程中，导致繁衍生长的每一细胞行为都必须消耗生命能，同时产生并排出代谢废物。生命力-能系统就是生物体中基于遗传信息系统规定的模式进行生命活动时，为生命系统提供能量，维持生命存活，推进组织器官活动，包括吸收营养、发育生长，使机体繁衍更新，即保证新陈代谢过程进行的生命力-能运转保障系统。迄今人们对于生命力-能系统的关注主要在于其使得生命运转起来，我们的研究显示这一系统的运转状态与生命的寿命及衰老有关，是支撑生命健康存活的关键机构。

在这两个基本系统所构建的框架中存在的第三个系统，也就是我们熟知的生理学结构系统，称为生理子系统群。这是一系列支撑、推动与维护这两大系统的生理子系统，它们分别承担生命体的各种生理功能，包括神经（nerve）、呼吸（respiratory）、消化（digestion）、循环（circulation）、免疫（immune system）等方面的功能。生理子系统的发育、形态与机能化实现都依赖于前两个基础系统。每一个子系统的发育形成以及功能化过程都是遗传信息系统精巧设计与生成导引的结果，这些子系统之间的协调共生也是遗传信息系统设计版图的精致实现。生理子系统生长发育过程的能量供给及动力源构建，则是来自于生命力-能系统,在生命过程中生理子系统不停顿地终身协调运转的原因,也是生命力-能系统精巧的新陈代谢机制。

这三个系统的分工是明确的、协调的、互补的,它们的协调运行圆满地实现了一个生命体正常的生命活动。生命体以外的生存条件与营养环境,以及与此相关的大多数疾病要素也会通过这些系统,对发育与生长形态产生影响,但其作用通常是随机的、非系统的。

在这三个系统中,生命力-能系统是迄今为止人们了解和研究最少的系统。在接下来的内容中我们将讨论其在生命系统中极其重要的作用。

5. 生命系统结构及其生命力-能系统的参数

5.1 生命力-能系统的参数推定

生命能函数[式(2-12)]与生命力强度函数[式(2-14)]均为单调下降函数,与广为人知的基础代谢曲线类似。

在此,根据文献[69]提供的按体表面积测定的基础代谢率[kcal/(h·m²)]曲线及以体重表示的男子生长曲线[69],利用人体表面积与体重、身高换算关系的莫斯特勒公式(Mosteller formula)$BSA = 0.016\,667 \times W^{0.5} \times H^{0.5}$[70],可以将基础代谢率数值变换成单位体重的人体在1天中需要水解的 ATP 千克数[kg/(d·kg)],以及相应的 ATP 摩尔数[mol/(d·kg)]。

根据第一部分的模型,生长曲线则是按照出生时体重 $M_0 = 3.8\,kg$、成人体重 $M_a = 70.0\,kg$

以及生长曲线经验数据推算得到成熟度 $M(t)$ 的参数,体细胞增殖率 $\lambda = 0.019\ 18\ \text{g/d}$,细胞全周期 $\tau = 1\ 825\ \text{d}$,然后根据式(2-2)算出各年龄的体重。在上述的条件下,表2-1给出了对基础代谢率曲线进行换算的结果。表中最后两行为静止状态下每日消耗的ATP摩尔数以及ATP重量所表示的生命力曲线和一生中生命力的平均值,其显示人在静息条件下平均每天消耗约40 kg的ATP[57-58]。以表2-1为基础可以在基础代谢率水平条件下推算出生命力-能系统的相关参数。

表2-1 人体基础代谢率及生命力强度的转换以及生命力

年龄/岁	0	5	10	15	20	25	30	35	40	45	50	55	60	65	70	75	80
基础代谢率/ [kcal/ (h·m²)]	54.0	49.3	44.1	41.8	38.6	37.5	36.8	36.5	36.3	36.2	35.8	35.4	34.9	34.4	33.8	33.2	33.0
体重/ kg	3.8	21.0	38.5	64.5	68.0	70.0	70.0	70.0	70.0	70.0	70.0	70.0	70.0	70.0	70.0	70.0	70.0
身高/ cm	48.0	112.0	140.0	170.0	172.5	173.0	173.0	173.0	173.0	173.0	173.0	173.0	173.0	173.0	173.0	173.0	173.0
体表面积/ m²	0.148	1.09	1.22	1.74	1.81	1.83	1.83	1.83	1.83	1.83	1.83	1.83	1.83	1.83	1.83	1.83	1.83
全身体积/ m³	0.003 8	0.021	0.038 5	0.064	0.068	0.070	0.070	0.070	0.070	0.070	0.070	0.070	0.070	0.070	0.070	0.070	0.070
基础代谢C/ [kcal/ (d·dm³)]	103.7	57.8	33.5	27.3	24.7	23.5	23.0	22.9	22.8	22.7	22.5	22.2	21.9	21.6	21.2	20.8	20.7
生命力强度/ [kcal/ (d·kg)]	103.7	57.8	33.5	27.3	24.7	23.5	23.0	22.9	22.8	22.7	22.5	22.2	21.9	21.6	21.2	20.8	20.7
生命力强度/ [ATP mol/ (d·kg)]	5.68	3.16	1.83	1.49	1.35	1.28	1.26	1.25	1.24	1.24	1.23	1.21	1.20	1.18	1.16	1.14	1.13
生命力/ ATP mol·d⁻¹	21.6	66.3	70.5	96.1	91.8	89.6	88.2	87.5	86.8	86.8	86.1	84.7	84.0	82.6	81.2	79.8	79.1
	平均 80.16 ATP mol/d																
生命力/ ATP kg·d⁻¹	10.96	33.6	35.7	48.7	46.6	44.7	44.7	44.3	44.0	44.0	43.7	42.7	42.6	41.6	41.2	40.5	40.1
	平均 40.57 ATP kg/d																

根据Strehler-Mildvan的准则[33],生命能的最大储备足够维持平均 7~11 天的生命能的消耗。当生命的最大储备能力以出生时的生命能 $W(0)$ 表示,生命能的平均需求量以生命过程中生命力平均值(如表2-1所示为平均值 80.16 ATP mol/d)表示时,Strehler-

Mildvan 准则的意义为生命能最大储备能力在基础代谢条件下可以维持最长 11 天生命力消耗的需求,即 $W(0)/E[F(t)]=11$。根据式(2-14)有 $P(0)=k_1 W(0)$,得到

$$k_1 = 0.006\ 44, W(0) = 881.76\ \text{mol} \tag{2-16}$$

正常生活中的代谢水平比静息时的基础代谢水平高[49][57],但是我们可以假设刚出生($t=0$)时以及高龄阶段,如 $t=80$ 时的日常代谢水平与静息时的代谢水平一致。这样我们可以从表 2-1 得到这两个时点上生命力强度以及生命力之值为

$$P(0) = 5.68, \quad P(80) = 1.13$$
$$F(0) = 21.6, \quad F(80) = 79.1$$

根据这一结果,可以由式(2-14)(2-15)推定得到系统的另两个参数 $k_2 = 0.001\ 0$,$k_3 = 0.006\ 3$。

根据以上得到的参数,可以计算出正常生活条件下人的生命力–能系统的各种函数变化曲线,并将结果与表 2-1 得到的基础代谢率曲线对应结果一起在图 2-4(a)(b)(c)(d)表示出来。其中(a)为生命力强度、(b)为生命力、(c)为人体内储存的生命能总量、(d)为相应的生长曲线。在(a)(b)中理论曲线以连续曲线表示,基于基础代谢率的曲线以小方块点线表示,两曲线之间的差异区域用阴影线表示。根据(a)可以估算基础代谢曲线包围下的面积与生命力强度曲线包围下的面积之比约为 60%。这一差异显示了静息条件下与正常生命活动时代谢水平差异,它与文献[22]所提示的静息能量消耗占总能量消耗 60%~70% 是基本一致的。此外,(d)所显示的理论生长曲线与实测的生长曲线在青春发育期的差异[64],也是产生两种曲线之间差异的原因之一。

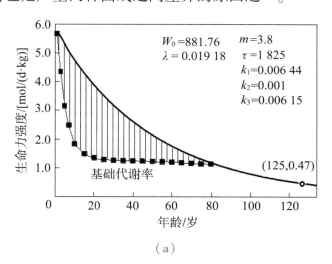

（a）

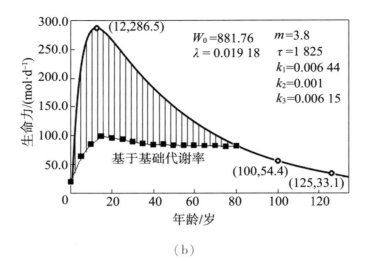

（b）

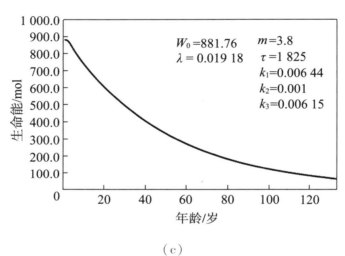

（c）

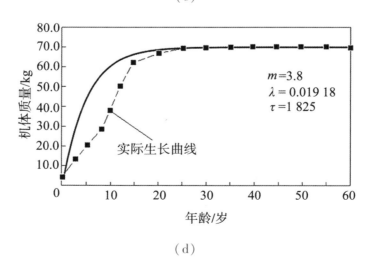

（d）

图 2-4　生命力-能系统的主要函数曲线

图 2-4(b)显示,生命力在生命过程的早期阶段迅速增加,并在约 12 岁时达到最大值 $F(12)=286.5$ mol/d。这一结果也可以通过求出生命力函数式(2-15)的一阶导数并使它等于 0,从而得到最大点 $t_m \approx 12.4$ 和最大值 $F(t_m) \approx 286.513$(附录二)。此后生命力函数就缓慢地单调下降。当到达 100 岁时,$F(100)=54.4$ mol/d,约为最大值的 18.98%。这个结果近似地诠释了理查德(Richard)等[71]的推测,他们认为在 100 岁左右时功能的储备能力约为其最大值的 20%,该最大值在 10~15 岁的年龄时达到。这些曲线是生命力-能系统的重要基础,它们将在下面的讨论中被利用到。

5.2 理论寿命与衰老的定义以及衰老进程不可逆定律

对于同源种群,如果 P_d 和 W_d 分别表示维持动物生存的 LPI 和 LE 的最小值,称为临界生命力强度(critical life power intensity)和临界生命能(critical life energy),则有

$$P_d = \min\{P(t) : for\ survival\} \tag{2-17}$$

$$W_d = P_d / k_1 \tag{2-18}$$

它们是与年龄无关的量。与其相应地,对于成熟度 $M(t)$ 的动物,记其生命力的最低界限值为 $F_d(t)$ 时,则有

$$F_d(t) = M(t)P_d \tag{2-19}$$

这是一个与年龄有关的量。成年人的成熟度达到其平衡值 $M_a = \lim_{t \to \infty} M(t)$ 时的生命力最低限值称为临界生命力(critical life power),记为 F_d

$$F_d = \lim_{t \to \infty} F_d(t) = 2\lambda\tau P_d \tag{2-20}$$

当人的生命力下降到临界生命力时,意味着生命能已经不能及时地为生命存活以及各种生命活动提供必要的能量,生命将结束。据此,我们给出以下定义。

【理论寿命 T_R】 动物的理论寿命(theoretical life span)为

$$T_R = \{t : F(t) = F_d\} \tag{2-21}$$

根据雅各布(Jacob)和莫诺(Monod)的发现[72]得知,细胞中基因表达情况的差异源于基因表达调控过程,而不是基因本身的不同[22]。故随着进入老年阶段生命力衰减,基因表达调控过程发生变化,将导致机体各种细胞功能失调。当生命力衰减到接近临界生命力

时,某种生命活动突然大量消耗生命能,都有可能引起重要器官如心脏、脑等在短时间内供能骤降而功能衰竭乃至机体死亡,这成为了老年人中常见的死亡原因。

图 2-5 显示一组生命力与理论寿命之间关系的模拟曲线。图中给出转化率 $k_1 = 0.006\,44$,组织率 $k_2 = 0.001$ 条件下三条生命力曲线的吸收率 k_3 分别为 $0.006\,20$,$0.006\,156$,$0.006\,10$。可以看到,对于较高的 k_3,生命力比较强,理论寿命也比较长。根据图 2-4(b)人类的生命力曲线可以得知,在年龄达到 125 岁时,生命力(视作功能的储备能力)下降到 $F(125) = 33.1\,\text{mol/d}$,约为其最大值 $F(12) = 286.5\,\text{mol/d}$ 的 11.5%。如果我们称此时的生命力为临界生命力,则其对应着人类的理论寿命为 125 岁,这表示除去疾病或灾害、事故等意外死亡情况,在理论上人类可以存活到 125 岁。它显示人的生命力下降到其最大值的约 1/10 时,机体的供能能力将无法维持正常生存活动的需要而导致生命的结束。这一结果与一些基于经验数据的推定,如海弗里克极限[73]的推论、蒲丰的长寿假定[74]基本一致。此外,从图 2-5 看到,当代谢参数变化时,生命力曲线下降速率将随之变化,这样人的寿命就可能高于或者低于理论寿命。根据统计数据显示,历史上人类的实际平均寿命处于上升的趋势。除了随着社会进步与人类生活环境变化使得生命力-能系统的参数不断改善这一系统因素之外,科学及医疗保健技术的进步,使得疾病、灾害或事故等夺去人类生命的随机事件渐渐受到控制,这些都是使得人类寿命延长的原因。

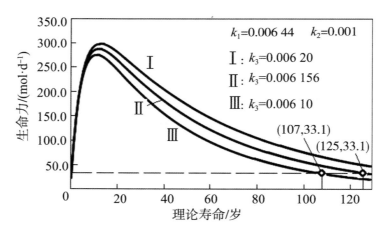

图 2-5 生命力与理论寿命的关系

生命力曲线在青年时期处于最高水平。这一时期机体各种器官的代谢处于最旺盛状态,生命体生长发育最快,且具有最强的抵御损害健康状态发生的能力,癌症、心血管病、糖尿病等的发病率处于生命过程中的最低水平,并且修复创伤的速度比老年时期快得多[22]。生命力函数在成年以后开始下降,维持生命活力的供能下降,因此引起有关的细胞功能衰减,逐渐不能继续维持组织的年轻态,如皮肤的稚嫩结构及张力状态、骨质结构的紧密状态以及各器官旺盛的代谢功能等,这使得人的外形、体态、动态与活力都在不知不觉之中老龄化。这就是细胞衰老理论显示的细胞功能失调引起的机体衰老[75]。我们现在已经知道,许多老年性疾病都与老年人的营养缺乏和代谢紊乱有关,它们是由于生命能供应下降而导致某些局部组织及其功能退行性变而引起的疾患。

在基于生命力-能系统的理论中,我们关注老龄化中的细胞端粒长度缩短现象,它被视为最常用的衰老标记之一。人们已经认识到,在细胞分裂复制时,端粒通过消耗一些非转录序列,释放能量以保护染色体末端免于融合和退化,保证细胞复制的正常进行[76]。此外,将双螺旋结构打开进行 DNA 复制以及确保 DNA 顺序正确需要大量的能量[27],因此在一个由庞大数量的细胞组成的生物个体中,这是一个典型的消耗生命能做功的过程,它使得生命能不断地递减,并由此推动生物体老龄化进程。端粒缩短标记着细胞反复分裂的进程以及生命能在分裂过程中的损耗,所以被称为衰老的分子钟。

一般所说的老化进程,其特征是生理功能的普遍下降,其导致发病率和死亡率的升高[49]。卡特勒(Cutler)(1984 年)指出过,人衰老过程的结果是人类生物学的所有方面的实质性、功能性的能力下降[77]。由于迄今衰老的根本原因并没有被认识,长期以来人们持续地从一些特别的现象来探索衰老的机制[78]。

我们注意到,由于环境因素的影响及代谢和生长特性的随机差异,个体间的生长发育及衰老进程存在较大的差异[79]。但是这并不影响基于生命力-能系统理论得出"同源种群"动物的理论(期望)寿命以及下面的衰老定义。

根据上述的讨论可以得知,生命能与生命力强度在出生时具有最大值,在生命进程中单调地逐渐减小,这是生命力在成年以后单调下降的原因,它使得衰老进程也不可逆转地进行。据此我们给出衰老的进一步的定义如下。

【衰老】　衰老是由生命能的不可逆减少导致的全身性或系统性生命迹象,其特征是低供能维持生存以及低水平的生物学基本能力。

根据衰老的定义可以推知,在生命过程中,为了在不断下降的生命能供给条件下维持生存与生命活动,机体内的细胞自动地适应并演变达到一种依靠较低能量维持生存的形态。关于这种细胞机能的演变,如前所述,是源于老年阶段生命能供给衰减后,基因表达调控过程发生变化,从而引起低能耗模式的衰老体征出现。这体现了衰老模式的一种重要的生物学价值。在这个意义上,这一定义与米诺·埃斯潘(Munoz-Espin)等以及斯托勒(Storer)等的工作[80-82]是一致的,他们认为"衰老有助于胚胎发育,提示其在正常生理中的基本作用",这表明即使是在胚胎阶段,生命体也可能通过衰老模式保证生命能的有效利用。

衰老的定义显示衰老体征出现的根本原因在于生命能伴随着年龄的不可逆衰减,因此也提示了生命能或生命力函数可以成为简单地测量衰老表型的生物标记。

我们可以得到以下的基本定律。

【生物学基本定律 1】 衰老进程不可逆转。

这解释了众所周知的事实,即没有一种干预的措施能减缓、停止或逆转人类的衰老过程[83]。

5.3　生命体的同化-异化率与生命系统中的热力学第二定律

生物机体的参数 k_1、k_2、k_3 主要由遗传基因信息系统决定。其中,由组织率的定义可以知道 k_2 反映生命能在体内的能量转换形式,不直接涉及与外界的能量交换。从式(2-7)还可以看到,生长期之后用于构建机体组织的生命能 $W_2(t)$ 处于平衡状态,显示 k_2 对于体内能量代谢平衡的影响很小。机体与外界的能量交换主要由转化率 k_1 与吸收率 k_3 反映,其中前者反映生命能的异化代谢(alienation metabolic)的能力,后者反映同化代谢(assimilation metabolic)的能力。在 k_2 一定的条件下,它们之间的关系调节生命力曲线的形态。为了解析生命力曲线在生命过程的动态特征,在此给出如下定义。

【同化-异化率】 生物体的同化-异化率(assimilation-alienation rate)为

$$\rho = k_3 / k_1 \tag{2-22}$$

ρ 表示 1 单元生命能可引发(支持)的吸收强度与生命力强度之比,反映生命能的集散效率。ρ 越大,表示由于吸收而转化为生命能的量可以更多地补偿生命能消耗的损失。由于生命能的积蓄是负熵增长的吸能过程,而生命能的消耗则是由高级有序状态向低级有序状态转化的熵增加过程,因此后者总是比前者更容易进行,即对于所有的生物都有

$\rho<1$。我们将这一认知表述为以下基本定律,并称之为生命系统中的热力学第二定律。

【生命系统中的热力学第二定律】　吸收营养而获得的生命能不可能完全补偿相同时间内维持生命活动的能量消耗。

5.4　生命不可能永生定律以及制约动物衰老进程的生命能代谢机制

图 2-6(a)显示 ρ 取不同值时的生命力曲线。

图中对于代谢参数 $k_1=0.004\ 3$ 以及 $k_2=0.001$,调整参数 k_3 分别等于 $0.003\ 8$、$0.004\ 0$ 及 $0.004\ 3$,相应的 ρ 等于 0.884、0.93 及 1。由此可以看到,当 $\rho\to1$ 时,生命力曲线在达到最大值以后将保持一定值。这一结果还可以根据式(2-11)(2-13),从理论上证明(附录三),即

$$\lim_{\rho\to1,\,t\to\infty}W(t)=W_0;\quad \lim_{\rho\to1,\,t\to\infty}F(t)=2\lambda\tau k_1 W_0$$

这意味着生命力不再衰减,因而可以永生不老。但事实上,与永动机不可能实现一样,人的永生也是不可能的。这就是 $\rho<1$ 的生物学意义,我们将这一结果表述为以下定律。

【生物学基本定律 2】　生命不可能永生。

一个动物 ρ 的大小依赖于由遗传信息系统所决定的 k_1 和 k_3。自然界中不同种类动物的 ρ 可能存在很大差异。由图 2-6(a)还可以看到,在 k_1 相同的条件下,参数 k_3 值较高,因此 ρ 值大时,生命力维持在较高的值,寿命也比较长。

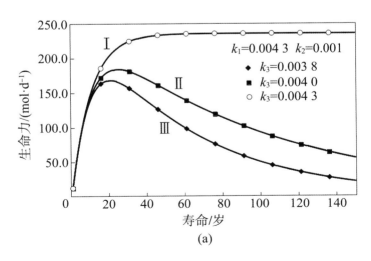

(a)

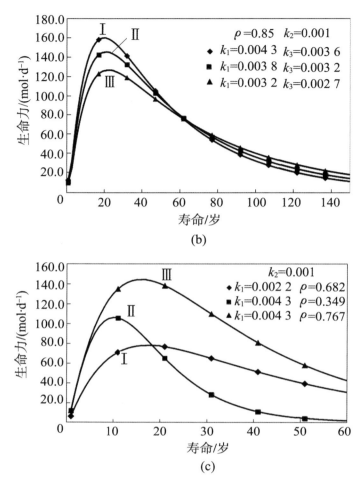

(a) ρ 不同的生命力曲线,对于较大的 ρ,动物活得较长;当 $\rho \to 1$ 时,生命力达到最大值后将保持一定,意味着动物永生。(b) ρ 值一定的条件下,转化率 k_1 越高(吸收率 k_3 越大),生命力最大值较大,但下降速度也较快。(c) 大小相似的哺乳动物(Ⅰ)和鸟(Ⅱ,Ⅲ)的生命曲线。具有高代谢率的鸟,当其吸收率也高时就可能长寿。

图 2-6　代谢参数与生命力的关系

另一方面,不同种类的动物如果 ρ 值相同,但是 k_1(或 k_3)不同时,生命力曲线的形态也不相同。如转化率 k_1 和吸收率 k_3 都很高,即生命能消耗量及营养物摄入量都很大时,如图 2-6(b)显示,生命力曲线有很高的最大值但是下降速度也较快,因而将很快达到临界生命力。与此相对地,转化率 k_1 较低时(这时吸收率 k_3 也相应较小),生命力最大值相对较低,但下降较缓慢,到达临界生命力需要较长的时间,意味着动物可有较长的寿命。由此可知,一般以低体温、低代谢、低消耗等为特征的低转化率以及低吸收率,都将有利于减缓生命力曲线的下降,延长寿命。很长时间以来,人们关注限制饮食及间歇性禁食等有利于延长寿命的现象[84-85]，这一措施降低了营养吸收水平，其等效于降低吸收率 k_3 的水平。最近的研究还报告，热量限制有利地逆转了衰老干扰的免疫系统而改变衰老过程[86]。然而这里的讨论显示，在 ρ 保持一定的条件下，为了减缓生命力曲线的下降速度并延长动物的寿命，不仅要降低 k_3 的水平，还必须相应降低 k_1 的水平。如果只降低 k_3 的水平，不降低 k_1 的水平，如比较图 2-6（a）的曲线 III 和曲线 II 可以看到，生命力曲线的水平将总是低于 k_3 降低以前的生命力曲线，这样就不可能得到延缓衰老的结果。这提示我们，在研究热量限制延长寿命的机制时，必须同时要确认动物的 k_1 水平的降低。这一结果矫正了长期存在的对于热量限制在衰老进程中作用的片面理解。事实上，图 2-6（a）的曲线 III 和曲线 II 从另一个方面也说明了，在保持 k_1 不变的条件下，提高参数 k_3 值的水平，因此使 ρ 值增大时，寿命可以比较长。这就是说不限制热量吸收同样可以获得长的寿命。稍后将通过蜂鸟和鸵鸟的实际例子来解释这一理论结果。

其次，图 2-6（b）显示 ρ 值一定的条件下生命力曲线随着 k_1 及 k_3 变化的一组曲线，这有助于我们揭示衰老生物学中至今无法解释的问题，即女性比男性长寿[22]的原因。一般男性的代谢率以及吸收率比女性高，图中以曲线 I 表示前者，曲线 III 表示后者。比较两曲线容易看到，尽管男性的生命力最大值比女性的高，但是此后的生命力曲线总是比女性下降得更快，且更快到达临界生命力，这就导致男性和女性的预期寿命产生差别。这意味着男性的预期寿命总是比女性的来得短。但是在另一方面，已有的报告显示，在发达国家中，男女预期寿命之间的差别显示了缩小的趋势[87]，表明这一差距并非总是存在的。历史上有过女性寿命短于男性的记载，如发生在 19 世纪中期前的美国[21]第一次女权运动以前的时期。我们可以检索到，那个时代，是一个女性社会地位低下的时代，她们承受着沉重的工作和生活的重担。因此，当时的女性是一个生命能代谢强度很高的群体，这导致其生命过程中较高的转化率 k_1 和较低的吸收率 k_3。这就是导致那个时代女性寿命比男性短的原因。此外，生命过程中生命力强度一直保持高水平的运动员的平均寿命低于一般人[88]，无论是用超耐力运动还是氧化损伤等来解释这一现象，其根本原因在于运动员生命能的代谢强度远超普通人而使得生命力曲线快速下降。

图 2-6（c）给出一组大小相似的鸟类与哺乳动物的生命力曲线。图中曲线 I 为 $k_1 =$ 0.002 2、$\rho = 0.682$ 的哺乳动物的生命力曲线。曲线 II 为鸟类的曲线，其参数 $k_1 = 0.004\,3$、$\rho = 0.349$。比较二者可以看到，鸟类的转化率比哺乳动物大 1 倍，而吸收率与哺乳动物的

相同,故其同化-异化率 ρ 就只相当于哺乳动物的 1/2。由此可以看到,虽然鸟类的生命力曲线最大值高于哺乳动物,但是其在达到最大值后很快下降至低于哺乳动物,结果导致鸟类的寿命比哺乳动物短。

但是,如曲线 Ⅲ 所示,对于 $k_1 = 0.004\ 3$ 的鸟类,如果 k_3 增大使 ρ 相应地增大到 0.767,则鸟类不仅在最大生命力上高于哺乳动物,而且在生长期之后始终高于哺乳动物,因此鸟类的寿命将比哺乳动物更长。因此可以得知,转化率高的鸟类之所以有较长的寿命,关键在于它必须有与转化率相应的高吸收率。事实上,一些鸟类如蜂鸟、鸵鸟等,具有巨大的食量和极快的消化食物的速度,因此其寿命将大于相似大小的哺乳动物。

以上的论述除了给出导致不同动物寿命差异的生理特征并由此阐明迄今生命速率理论(Rate-of-Living Theory)无法解释的生命现象[9-10]之外,还揭示了制约动物衰老进程的生命能代谢机制:(1) 转化率 k_1 及同化-异化率 ρ 都比较高时,生命力曲线将保持较高的水平,因此达到临界生命力的时间将增加,这将延长预期寿命。这一结果从不同的角度解释了衰老生物学上的观点,即体育锻炼(增大 k_1)和合理膳食(增大 k_3)有利于减缓心血管系统、神经系统和骨骼系统功能的年龄退行性衰退[22]。(2) 吸收率 k_3 降低(如热量限制)的同时,相应地降低转化率 k_1,生命力曲线的下降速度将减缓,因此延缓了达到临界生命力的时间,使得预期寿命延长。

5.5　生命力-能系统理论阐明动物的大小、寿命及生命期

如我们在文章开头就说过,很早以前人们就知道体形较大的动物活得更久以及动物的寿命大体正比于它的大小和心脏速率[13][89],但是这个规则有很多例外,如一些鸟类和蝙蝠体形很小,但是它们仍然可能活得很长。迄今相关的理论无法解释这些例外[13]。现在,我们可以利用生命力-能系统理论阐明这一现象。

图 2-7(a) 显示在 ρ 以及转化率 k_1(反映代谢率)一定的条件下,几例体形大小不同动物的生命力曲线。在模拟计算中,对于大小为 $2\lambda\tau$ 的成年动物,设各动物的 τ 相同,以初始生命能 W_0(mol)、体细胞增殖率 λ(g/d)的参数组的差异表示体形大小的不同。图中给出在 $\rho = 0.88$、$k_1 = 0.004\ 3$ 相同的条件下的三组动物[($W_0 = 1\ 566, \lambda = 0.019\ 18$),($W_0 = $

$1\,400, \lambda = 0.016\,44)$ 和 $(W_0 = 1\,250, \lambda = 0.013\,70)$ ］的生命力曲线。从中可以看到，体形大的动物 $(W_0 = 1\,566, \lambda = 0.019\,18)$ 较之其余两例体形小的动物，生命力曲线处于高位，显示了体形较大的动物寿命更长的一般规则。但是，对于代谢能力不同的动物，可能出现违背此规律的结果。

图 2-7(b) 显示体形大小不同的动物在 ρ 以及吸收率 k_3 不相同条件下的生命力曲线。图中各曲线对应的动物的体形大小与图 2-7(a) 相同，它们的 k_3 以及 ρ 均随着动物体形变小而增大。这里 (k_3, ρ) 分别设为 $(0.006, 0.84)$，$(0.007, 0.88)$ 和 $(0.008, 0.92)$。从结果可以看到，虽然体形小的动物生命力曲线的最大值低于体形大的动物，但是其衰减较慢，因而在生命过程的后期仍然可以保持比较高的生命力，所以它们的寿命可能长于体形大的动物。一个典型的例子是被称为"人鱼"的洞螈，其体重只有约 0.23 kg[21]，但平均寿命约为 68 年，最长寿命高达 100 多年，表明洞螈的寿命比根据其体形大小预测的寿命长[90]。研究已经证实洞螈与其他两栖动物类似，有较高的代谢率[90]，而洞螈的食量与吸收能力之巨大也已经有文献报告[91]，这些表明洞螈具有很高的同化-异化率 ρ 以及 k_3，所以它们可以活得很长。

与动物的生长和生命力相关的问题中，有研究报告了一个现象，那就是不限制食物供给的大鼠生长期只有 40 天，而限制食物供给的大鼠的生长期长达 160 天[21]。这里以不限制食物供给大鼠为基准来讨论，设大鼠有正常的代谢参数 k_3 和 k_1。当对大鼠限制食物供给时，大鼠的吸收率将小于 k_3，使得单位时间内获得生命能的水平下降，因此使得其转化率相应地低于正常的 k_1 值，结果导致体内细胞增殖率不能达到正常生活条件下的 λ 值，同时体细胞完成细胞全周期 τ 所需要的时间延长。图 2-7(c) 为一些对大鼠生命力曲线模拟计算的结果，其中曲线 I 为不限制食物，代谢参数 $(k_1, k_3) = (0.045, 0.040\,5)$，生长参数 $(\lambda, \tau) = (0.1, 300)$ 的结果；曲线 II 为限制食物，代谢参数 $(k_1, k_3) = (0.025, 0.023\,3)$，生长参数 $(\lambda, \tau) = (0.066, 450)$ 的结果。两曲线的最大值分别为 $F_{I}(9) = 86.01$ 和 $F_{II}(16) = 56.42$。由此可以看到，限制食物供应使得动物生命力曲线的最大值从 86.01 下降到 56.42，但是达到最大值的时间从 9 变为 16，这表示动物生长期被延长，同时生命力曲线的衰减速度变慢，这使得限制食物大鼠的寿命比正常大鼠更长。在此例中，限制食物大鼠的大小与正常大鼠相比只有很小的变化。

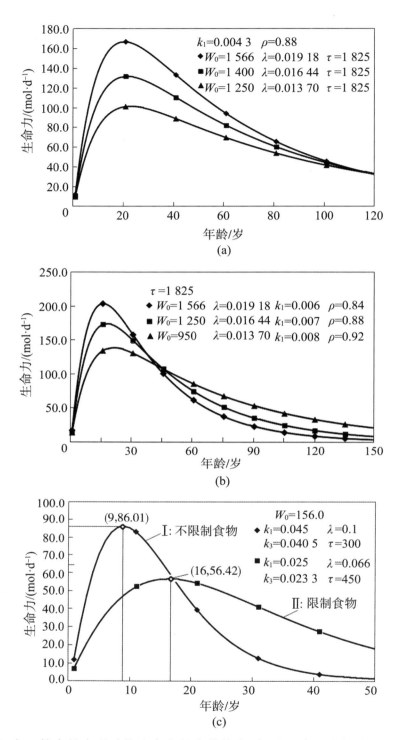

（a）

（b）

（c）

（a）当 ρ 一定时，λ 较大的大型动物生命力最大值较高，但是下降速度较快，这意味着大型动物通常活得更长；（b）对于不同的 ρ，随着 ρ 值变大，小型动物的生命力曲线下降变慢，这意味着小型动物也可以活得很长；（c）限制食物供给时的生命力曲线在此情况下生长期延长，使得寿命延长。

图 2-7　动物体形不同时的生命力曲线

6. 关于基因决定衰老进程的 信号通路

以上的讨论显示,生命力水平的变化及其衰减速度决定着生物体的衰老进程和期望寿命。生命过程中影响生命力变化的因素主要包括生命能代谢参数 k_1、k_2、k_3 和生长参数 λ、τ,分别表征生命体中生命能的获得与利用效率以及生长发育的效率特征。这些参数就是生命体的遗传信息所传递与表达的生理基本特征,它们在生命力-能系统中协同作用的结果决定了生命过程中生命能与生命力变化和生物体基本形态,并由此决定了动物的衰老进程以及期望寿命。

迄今人们已经认识到成百上千个基因会影响到衰老与寿命,但是并不知道这些基因通过什么途径影响衰老与寿命。生命力-能系统理论向我们展示了基因影响衰老与寿命的信号通路上的最重要环节,这就是基因对于生命体的能量同化-异化代谢与生长发育特性参数的特定作用,也是迄今在该领域研究中所缺失的环节。这一特定作用的实现,决定了生物体的基本生命结构与生理功能特性,从而能够造就出一个区别于其他个体或其他种群的生物体。因此可以得知,影响衰老进程的大量基因的作用途径就是通过在不同细胞和组织中的表达,参与了对能量代谢及生长发育的调节而影响到生命进程。

例如,前面提到的线虫基因中的 daf-2 及其一些家族基因发生的突变影响幼虫发育和成虫寿命[37-38],这些与寿命相关的基因是哺乳动物的同源基因,编码细胞内胰岛素和胰岛素样生长因子(IGF)信号通路的相关组成[8]。对果蝇、蠕虫和小鼠的进一步研究证明了抑制胰岛素信号传导途径对延长寿命的效果[92],并发现 IGF-1 具有诱导细胞增殖、分化、存活和迁移以及维持细胞功能的作用。因此可以推知 daf-2 及其家族基因通过参与调节生物体的吸收率 k_3 以及体细胞增殖率 λ 在决定生命力和生命能变化形态中发挥作用。

生命力-能系统理论显示了所有遗传信息以及随机因素的作用都经由而且必须经由调节能量代谢以及生长发育过程才能干预生命能与生命力的变化,甚至衰老过程和预期寿命。因此,根据生命能或生命力随着年龄的衰减程度就可以了解衰老的进程,这就提供了一个测量衰老表型的生物标记。

对于衰老生物学中备受关注的细胞衰老与机体衰老之间的关系,根据这些结果也可以知道细胞衰老或细胞复制衰老并不会直接对生命过程中的生命能和生命力的变化产生影响,而只能通过调节代谢特性和生长特性对生命进程和机体衰老产生间接影响。这一结果与多数老年病学家认为细胞复制衰老并不会直接引起机体衰老的看法是一致的[22]。

7. 结语

基于对"细胞能量通货"ATP 在动物体内形成、积聚、流通与消耗过程的分析,可以构建生命体内的能量代谢系统模型,导出生命力-能系统的基本结构。

在此基础上,生命特征结构被描述为一个由遗传信息系统(genetic information system, GIS)、生命力-能系统(life power-energy system, LPES)和生理子系统群(physiological subsystem group, PSG)三大系统组成的新生命系统模型。

根据人的生长曲线及基础代谢曲线,我们推定了生命力-能系统中的代谢参数及生长参数,定义了临界生命力以及理论寿命。

从理论上证明了生命系统热力学第二定律和两个生物学基本定律:(1) 生命不可能永恒;(2) 衰老过程是不可逆的。

阐明了生命过程中生命力及生命能演变特征,由此给出衰老的定义。各种企图改变衰老进程的方式,如调节代谢强度、热量限制、影响细胞增殖与死亡等手段,虽然可能改变生命能衰减的速率,但是不能改变生命能衰减的趋势。

有利于延长寿命的关键在于,维持生命进程中生命力的较高水平及其较低的衰减速度以保持其长时间处于临界生命力以上。因此,使机体的生命能及时且充分地得到补充的同时,可避免持续的高强度代谢消耗所引起的生命力快速衰减。

生命力-能系统理论揭示了调节生命力和生命能变化的能量代谢特征和生长发育特征,它们被表达为一组由基因决定的生理参数。基因通过在体内细胞中传递和表达这些特性,调节生命能的同化-异化代谢,从而决定了生物体的生长发育、衰老过程和预期寿命。

基于现有的人类基础代谢曲线和生长曲线数据,根据生命力-能系统理论,通过模拟计算,获得了生命过程中人类生命力和生命力强度的演化曲线。演化曲线表明,人类生命过程中代谢变化的基本形态特征主要是:(1) 在生命过程中,生命能强度在新生婴儿最高,并随着年龄的增长而单调下降,当其下降到出生值的 20% 以下时,将不足以维持生存。(2) 生命力在生命过程的早期阶段迅速增长,在 12 岁左右达到最大值。此后,生命力函数逐渐单调递减。根据临界生命力为最大生命力的 11.5%,可以估计人类的理论寿命约为 125 岁。(3) 一个休息的人平均每天消耗大约 40 kg 的 ATP。

以生物物理定律为基础构建的生命力-能系统原理,通过剖析生命的生命能代谢系统的结构,展示了生命过程的新全景,解释了许多目前的医学生物学理论尚未阐明的生命现象。新的理论同时提示了很多在生命科学中需要进一步探索与研究的思路。

［1］AKAIKE H，KITAGAWA G. The practice of time series analysis［M］. New York：Springer-Verlag，1999.

［2］YASUDA M. Insect collection［M］. Tokyo：YAMA-KEI Publishers，2007.

［3］GALE C R，MARTYN C N，COOPER C，et al. Grip strength，body composition，and mortality［J］. Inter J Epidemiology，2007，36(1)：228-235.

［4］COOPER R，KUH D，HARDY R. Objectively measured physical capability levels and mortality：systematic review and meta-analysis［J］. BMJ，2010，341：c4467.

［5］MCNAB B K. On the utility of uniformity in the definition of basal rate of metabolism［J］. Physiol Zool，1997，70(6)：718-720.

［6］GUYTON A C. Textbook of medical physiology［M］. Philadelphia：W. B. Saunders Co，1981.

［7］HARRIS J A，BENEDICT F G. A biometric study of human basal metabolism［J］. PNAS，1918，4(12)：370-373.

［8］CAMPISI J，KAPAHI P，LITHGOW G J，et al. From discoveries in ageing research to therapeutics for healthy ageing［J］. Nature，2019，571(7764)：183-192.

［9］MEDVEDEV Z A. An attempt at a rational classification of theories of aging［J］. Biol Rev，1990，65(3)：375-398.

［10］TOSATO M，ZAMBONI V，FERRINI A，et al. The aging process and potential interventions to extend life expectancy［J］. Clin Interv Aging，2007，2(3)：401-412.

［11］RUBNER M. Das Problem det Lebensdaur und seiner beziehunger zum Wachstum und Ernarnhung［M］. Munich：Oldenbourg，1908.

［12］RAYMOND P. The rate of living［M］. New York：Knopf, 1928.

［13］SPEAKMAN J R. Body size, energy metabolism and lifespan［J］. J Exp Biol, 2005, 208（9）：1717-1730.

［14］MCCAY C M, MAYNARD L A, SPERLING G, et al. Retarded growth, life span, ultimate body size and age changes in the albino rat after feeding diets restricted in calories：four figures［J］. J Nutr, 1939, 18（1）：1-13.

［15］MOUCHIROUD L, MOLIN L, KASTURI P, et al. Pyruvate imbalance mediates metabolic reprogramming and mimics lifespan extension by dietary restriction in Caenorhabditis elegans［J］. Aging Cell, 2011, 10（1）：39-54.

［16］SOARE A, CANGEMI R, OMODEI D, et al. Long-term calorie restriction, but not endurance exercise, lowers core body temperature in humans［J］. Aging, 2011, 3（4）, 374-379.

［17］DUNN S E, KARI F W, FRENCH J, et al. Dietary restriction reduces insulin-like growth factor I levels, which modulates apoptosis, cell proliferation, and tumor progression in p53-deficient mice［J］. Cancer Res, 1997, 57（21）：4667-4672.

［18］RAMSEY J J, ROECKER E B, WEINDRUCH R, et al. Energy expenditure of adult male rhesus monkeys during the first 30 months of dietary restriction［J］. Am J Physiol, 1997, 272：E901-907.

［19］CEFALU W T, WAGNER J D, WANG Z Q, et al. A study of caloric restriction and cardiovascular aging in cynomolgus monkeys（Macaca fascicularis）：a potential model for aging research［J］. J Gerontol A Biol Sci Med Sci, 1997, 52（1）：B10-19.

［20］PENDERGRASS W R, LI Y, JIANG D, et al. Caloric restriction：conservation of cellular replicative capacity in vitro accompanies life-span extension in mice［J］. Exp Cell Res, 1995, 217（2）：309-316.

［21］CLARK W R. A means to an end：the biological basis of aging and death［M］. New York：Oxford University Press, 1999.

［22］MCDONALD R B. Biology of aging［M］. 2nd ed. Taylor and Francis Group, 2019.

［23］HARMAN D. The free radical theory of aging［J］. Antioxid Redox Signal, 2003, 5（5）：557-561.

[24] FRANCESCHI C, BONAFÈ M, VALENSIN S, et al. Inflamm-aging. An evolutionary perspective on immunosenescence[J]. Ann N Y Acad Sci, 2000, 908: 244-254.

[25] CHUNG H Y, KIM H J, KIM J W, et al. The inflammation hypothesis of aging: molecular modulation by calorie restriction[J]. Ann N Y Acad Sci, 2001, 928: 327-335.

[26] CADENAS E, DAVIES K J. Mitochondrial free radical generation, oxidative stress, and aging[J]. Free Radic Biol Med, 2000, 29(3-4): 222-230.

[27] ALBERTS B, BRAY D, HOPKINGS K, et al. Essential cell biology[M]. New York: Garland Sciecce, 2010.

[28] HULBERT A J, PAMPLONA R, BUFFENSTEIN R, et al. Life and death: metabolic rate, membrane composition, and life span of animals[J]. Physiol Rev, 2007, 87 (4): 1175-1213.

[29] STEVEN N A. Why we age: what science is discovering about the body's journey through life[M]. The Balkin Agency, 1997.

[30] HARPER J M, LEATHERS C W, AUSTAD S N. Does caloric restriction extend life in wild mice?[J]. Aging Cell, 2006, 5(6): 441-449.

[31] SWINDELL W R. Dietary restriction in rats and mice: a meta-analysis and review of the evidence for genotype-dependent effects on lifespan[J]. Ageing Res Rev, 2012, 11 (2): 254-270.

[32] MATTISON J A, ROTH G S, BEASLEY T M, et al. Impact of caloric restriction on health and survival in rhesus monkeys from the NIA study[J]. Nature, 2012, 489(7415): 318-321.

[33] STREHLER B L, MILDVAN A S. General theory of mortality and aging[J]. Science, 1960, 132(3418): 14-21.

[34] SACHER G A, TRUCCO E. The stochastic theory of mortality[J]. Ann N Y Acad Sci, 1962, 96: 985-1007.

[35] KOOIJMAN S A L M. Dynamic energy and mass budgets in biological systems[M]. Cambridge: Cambridge University Press, 2000.

[36] JOHNSON F B, SINCLAIR D A, GUARENTE L, et al. Molecular biology of aging [J]. Cell, 1999, 96: 291-302.

[37] KENYON C, CHANG J, GENSCH E, et al. A C. elegans mutant that lives twice as long as wild type[J]. Nature, 1993, 366(6454): 461-464.

[38] OGG S, PARADIS S, GOTTLIEB S, et al. The Fork head transcription factor DAF-16 transduces insulin-like metabolic and longevity signals in C. elegans[J]. Nature, 1997, 389(6654): 994-999.

[39] GOFFEAU A, BARRELL B G, BUSSEY H, et al. Life with 6000 genes[J]. Science, 1996, 274(5287): 546, 563-567.

[40] C. ELEGANS SEQUENCING CONSORTIUM. Genome sequence of the nematode C. elegans: a platform for Investigating biology[J]. Science, 1998, 282(5396): 2012-2018.

[41] ADAMS M D, CELNIKER S E, HOLT R A, et al. The genome sequence of Drosophila melanogaster[J]. Science, 2000, 287(5461): 2185-2195.

[42] BLÜHER M, KAHN B B, KAHN C R. Extended longevity in mice lacking the insulin receptor in adipose tissue[J]. Science, 2003, 299(5606): 572-574.

[43] ROSE M, CHARLESWORTH B. A test of evolutionary theories of senescence[J]. Nature, 1980, 287(5778): 141-142.

[44] KAPAHI P, CHEN D, ROGERS A N, et al. With TOR, less is more: a key role for the conserved nutrient-sensing TOR pathway in aging[J]. Cell Metab, 2010, 11(6): 453-465.

[45] SHAY J W, WRIGHT W E. Telomeres and telomerase: implications for cancer and aging[J]. Radiat Res, 2001, 155: 188-193.

[46] SHAY J W, WRIGHT W E. Aging. When do telomerase matter?[J]. Science, 2001, 291(5505): 839-840.

[47] SCHRINER S E, LINFORD N J, MARTIN G M, et al. Extension of murine life span by overexpression of catalase targeted to mitochondria[J]. Science, 2005, 308(5730): 1909-1911.

[48] KIRKWOOD T B. Evolution of ageing[J]. Nature, 1977, 270(5635): 301-304.

[49] MIYOSHI N, OUBRAHIM H, CHOCK P B, et al. Age-dependent cell death and the role of ATP in hydrogen peroxide-induced apoptosis and necrosis[J]. Proc Natl Acad Sci USA, 2006, 103(6): 1727-1731.

［50］BRATIC A, LARSSON N G. The role of mitochondria in aging［J］. J Clin Invest, 2013, 123(3): 951-957.

［51］BOSMAN G J, LASONDER E, GROENEN-DÖPP Y A, et al. Comparative proteomics of erythrocyte aging in vivo and in vitro［J］. J Proteomics, 2010, 73(3): 396-402.

［52］ANTONELOU M H, KRIEBARDIS A G, PAPASSIDERI I S. Aging and death signalling in mature red cells: from basic science to transfusion practice［J］. Blood Transfus, 2010, 8(3): s39-s47.

［53］FIGUEIREDO P A, MOTA M P, APPELL H J, et al. The role of mitochondria in aging of skeletal muscle［J］. Biogerontology, 2008, 9(2): 67-84.

［54］VAN REMMEN H, RICHARDSON A. Oxidative damage to mitochondria and aging ［J］. Exp Gerontol, 2001, 36(7): 957-968.

［55］SHERWOOD L. Human physiology: from cells to systems［M］. 8th ed. Cengage Learning, 2011.

［56］SENIOR A E, NADANACIVA S, WEBER J. The molecular mechanism of ATP synthesis by F_1F_0-ATP synthase［J］. Biochim Biophys Acta, 2002, 1553(3): 188-211.

［57］CHEN Y Q, CHEN P R. Metabolism: material metabolism and photosynthesis［M］. Shanghai Scientific and Technological Education Publishing House, 2001.

［58］GRIVENNIKOVA V C, VINOGRADOV A D. Mitochondrial production of reactive oxygen species［J］. Biochemistry (Mosc), 2013, 78(13): 1490-1511.

［59］KARP G. Cell and molecular biology: concepts and experiments［M］. 3rd ed. John Wiley & Sons Inc, 2002.

［60］HARPER M E, MONEMDJOU S, RAMSEY J J, et al. Age-related increase in mitochondrial proton leak and decrease in ATP turnover reactions in mouse hepatocytes［J］. Am J Physiol, 1998, 275(2): E197-E206.

［61］DREW B, PHANEUF S, DIRKS A, et al. Effects of aging and caloric restriction on mitochondrial energy production in gastrocnemius muscle and heart［J］. Am J Physiol Regul Integr Comp Physiol, 2003, 284(2): R474-R480.

［62］MIQUEL J, ECONOMOS A C, FLEMING J, et al. Mitochondrial role in cell aging

［J］. Exp Gerontol, 1980, 15(6): 575-591.

［63］FERRUCCI L. The Baltimore Longitudinal Study of Aging (BLSA): a 50-year-long journey and plans for the future［J］. J Gerontol A Biol Sci Med Sci, 2008, 63(12): 1416-1419.

［64］TANNER J M. Growth at adolescence［M］. 2nd ed. Oxford: Blackwell Scientific, 1962.

［65］BAI L, XU J M. From reeling cocoon flow to the birth and death process of the cells in the organism and the growth function［C］. Tokyo: 3rd International Conference on Advanced Fiber/Textile Materials, 2005.

［66］RICHARDS F J. A flexible growth function for empirical use［J］. Journal of Experimental Botany, 1959, 10(29): 290-301.

［67］PIENAAR L V, TURNBULL K J. The Chapman-Richards generalization of Von Bertalanffy's growth model for basal area growth and yield in even-aged stands［J］. Forest Science, 1973, 19(1): 2-22.

［68］WEST G B, BROWN J H, ENQUIST B J. A general model for ontogenetic growth ［J］. Nature, 2001, 413(6856): 628-631.

［69］FLINDT R. Amazing numbers in biology［M］. Berlin: Springer-Verlag, 2006.

［70］MOSTELLER R D. Simplified calculation of body-surface area［J］. N Engl J Med, 1987, 317(17): 1098.

［71］CUTLER R G, RODRIGUEZ H. Critical reviews of oxidative stress and aging: advances in basic science, diagnostic and intervention: volume II［M］. Singapore: World Scientific Publishing Co., 2003.

［72］JACOB F, MONOD J. Genetic regulatory mechanisms in the synthesis of proteins ［J］. J Mol Biol, 1961, 3: 318-356.

［73］HAYFLICK L, MOORHEAD P S. The serial cultivation of human diploid cell strains［J］. Exp Cell Res, 1961, 25(3): 585-621.

［74］ROBINE J M, PETERSEN H C, JEUNE B. Buffon and the longevity of species in the light of history［J］. Dan Medicinhist Arbog, 2008, 36: 97-108.

［75］CAMPISI J. Senescent cells, tumor suppression, and organismal aging: good citizens, bad neighbors[J]. Cell, 2005, 120(4): 513-522.

[76] WAGNER K H, FRANZKE B, NEUBAUER O. Super DNAging—new insights into DNA integrity, genome stability, and telomeres in the oldest old[M]//RAM J L, CONN P M. Conn's handbook of models for human aging. 2nd ed. Academic Press, 2018: 1083-1093.

[77] CUTLER R G. Evolutionary biology of aging and longevity in mammalian species [M]//Johnson J E. Aging and cell function. New York: Plenum Press, 1984: 1-147.

[78] SHIGENAGA M K, HAGEN T M, AMES B N. Oxidative damage and mitochondrial decay in aging[J]. Proc Natl Acad Sci USA, 1994, 91(23): 10771-10778.

[79] FERRUCCI L. The Baltimore Longitudinal Study of Aging (BLSA): a 50-year -long journey and plans for the future[J]. J Gerontol A Biol Sci Med Sci, 2008, 63(12): 1416-1419.

[80] MUÑOZ-ESPÍN D, CAÑAMERO M, MARAVER A, et al. Programmed cell senescence during mammalian embryonic development[J]. Cell, 2013, 155(5): 1104-1118.

[81] STORER M, MAS A, ROBERT-MORENO A, et al. Senescence is a developmental mechanism that contributes to embryonic growth and patterning[J]. Cell, 2013, 155(5): 1119-1130.

[82] BANITO A, LOWE S W. A new development in senescence[J]. Cell, 2013, 155(5): 977-978.

[83] HAYFLICK L. "Anti-aging" is an oxymoron[J]. J Gerontol A Biol Sci Med Sci, 2004, 59(6): 573-578.

[84] MATTSON M P, LONGO V D, HARVIE M. Impact of intermittent fasting on health and disease processes[J]. Ageing Res Rev, 2017, 39: 46-58.

[85] DE CABO R, MATTSON M P. Effects of intermittent fasting on health, aging, and disease[J]. N Engl J Med, 2019, 381(26): 2541-2551.

[86] MA S, SUN S H, GENG L L, et al. Caloric restriction reprograms the single-cell transcriptional landscape of rattus norvegicus aging[J]. Cell, 2020, 180(5): 984-1001.

[87] National Center for Health Statistics. Health, United States, 2010: with special feature on death and dying[M]. Washington DC: US Government Printing Office, 2011.

[88] SARNA S, SAHI T, KOSKENVUO M, et al. Increased life expectancy of world

class male athletes[J]. Med Sci Sports Exerc, 1993, 25(2): 237-244.

[89] AUSTAD S N. Comparative biology of aging[J]. J Gerontol A Biol Sci Med Sci, 2009, 64(2): 199-201.

[90] VOITURON Y, DE FRAIPONT M, ISSARTEL J, et al. Extreme lifespan of the human fish (Proteus anguinus): a challenge for ageing mechanisms[J]. Biol Lett, 2011, 7 (1): 105-107.

[91] BURNIE D, WILSON D E. Animal: The definitive visual guide to the world's wildlife[M]. London: DK, 2001.

[92] BARTKE A. Impact of reduced insulin-like growth factor-1/insulin signaling on aging in mammals: novel findings[J]. Aging Cell, 2008, 7(3): 285-290.

[93] SCHRÖDINGER E. What is life?: with mind and matter and autobiographical sketches[M]. Cambridge: Cambridge University Press, 1992.

第三部分

附　　录

附 录一 生命能微分方程的解

从生命能的动态结构

$$dW(t) = -dW_1(t) - dW_2(t) + dW_3(t)$$

得到微分方程

$$dW(t) = -k_1 M(t) W(t) dt - k_2 G(t) dt + k_3 M(t) W(t) dt$$

$$= -(k_1 - k_3) M(t) W(t) dt - k_2 \left(2\lambda - \frac{M(t)}{\tau} \right) dt$$

$$= -(k_1 - k_3) \left[W(t) - \frac{k_2}{\tau(k_1 - k_3)} \right] M(t) dt - 2\lambda k_2 dt \qquad (A)$$

其中, λ 为机体的体细胞增殖率; τ 为平均细胞全周期; m 为初生时的细胞数; $M(t)$ 为成熟度

$$M(t) = 2\lambda\tau \left[1 - \left(1 - \frac{m}{2\lambda\tau} \right) \exp\left(-\frac{t}{\tau} \right) \right]$$

$G(t)$ 为生长强度

$$G(t) = \frac{dM(t)}{dt} = 2\lambda - \frac{M(t)}{\tau}$$

微分方程（A）的齐次方程为

$$dW(t) = -(k_1 - k_3) \left[W(t) - \frac{k_2}{\tau(k_1 - k_3)} \right] M(t) dt$$

$$\frac{dW(t)}{\left[W(t) - \frac{k_2}{\tau(k_1 - k_3)} \right]} = -(k_1 - k_3) M(t) dt$$

两边积分得到

$$\log\left[W(t)-\frac{k_2}{\tau(k_1-k_3)}\right]=-(k_1-k_3)\int_0^t M(\tau)\mathrm{d}\tau$$

$$W(t)=\frac{k_2}{\tau(k_1-k_3)}+C\exp\left[-(k_1-k_3)\int_0^t M(\tau)\mathrm{d}\tau\right]\qquad(\mathrm{B})$$

利用变量变化法，令 $C=C(t)$ 并代入式（A）

$$\frac{\mathrm{d}W(t)}{\mathrm{d}t}=C'(t)\exp\left[-(k_1-k_3)\int_0^t M(\tau)\mathrm{d}\tau\right]+C(t)\left[-(k_1-k_3)\int_0^t M(\tau)\mathrm{d}\tau\right][-(k_1-k_3)M(t)]$$

$$=C'(t)\exp\left[-(k_1-k_3)\int_0^t M(\tau)\mathrm{d}\tau\right]-C(t)(k_1-k_3)M(t)\exp\left[-(k_1-k_3)\int_0^t M(\tau)\mathrm{d}\tau\right]$$

将此代入式（A）

左边 $=C'(t)\exp\left[-(k_1-k_3)\int_0^t M(\tau)\mathrm{d}\tau\right]-C(t)(k_1-k_3)M(t)\exp\left[-(k_1-k_3)\int_0^t M(\tau)\mathrm{d}\tau\right]$

右边 $=-(k_1-k_3)\left\{\frac{k_2}{\tau(k_1-k_3)}+C(t)\exp\left[-(k_1-k_3)\int_0^t M(\tau)\mathrm{d}\tau\right]-\frac{k_2}{\tau(k_1-k_3)}\right\}M(t)-2\lambda k_2$

比较上式左右两边可以得到

$$C'(t)\exp\left[-(k_1-k_3)\int_0^t M(\tau)\mathrm{d}\tau\right]=-2\lambda k_2$$

$$C'(t)=-2\lambda k_2\exp\left[(k_1-k_3)\int_0^t M(\tau)\mathrm{d}\tau\right]$$

两边积分可得

$$C(t)=-2\lambda k_2\int\exp\left[(k_1-k_3)\int_0^t M(\tau)\mathrm{d}\tau\right]\mathrm{d}t+C_0$$

将此式代入式（B）可以得到

$$W(t)=\frac{k_2}{\tau(k_1-k_3)}+\exp\left[-(k_1-k_3)\int_0^t M(\tau)\mathrm{d}\tau\right]\left\{-2\lambda k_2\int\exp\left[(k_1-k_3)\int_0^t M(\tau)\mathrm{d}\tau\right]\mathrm{d}t+C_0\right\}$$

由初始条件 $t=0$ 时，$W(0)=W_0$，将此代入上式可在初始条件下求得 C_0

$$C_0=W_0-\frac{k_2}{\tau(k_1-k_3)}$$

若记

$$A(t) = (k_1 - k_3) \int_0^t M(x) \, \mathrm{d}x$$

可以整理得到

$$W(t) = \frac{k_2}{\tau(k_1 - k_3)} + \exp\left[-(k_1 - k_3)\int_0^t M(\tau)\mathrm{d}\tau\right]\left\{-2k_2\lambda\int\exp\left[(k_1 - k_3)\int_0^t M(\tau)\mathrm{d}\tau\right]\mathrm{d}t + C_0\right\}$$

$$= \frac{k_2}{\tau(k_1 - k_3)}(1 - e^{-A(t)}) + \left(W_0 - 2k_2\lambda\int_0^t e^{A(\tau)}\mathrm{d}\tau\right)e^{-A(t)}$$

因此由微分方程（A）可解得生命能函数为

$$W(t) = \frac{k_2}{\tau(k_1 - k_3)}(1 - e^{-A(t)}) + \left(W_0 - 2\lambda k_2\int_0^t e^{A(x)}\mathrm{d}x\right)e^{-A(t)}$$

式中

$$A(t) = (k_1 - k_3)\int_0^t M(x)\,\mathrm{d}x$$

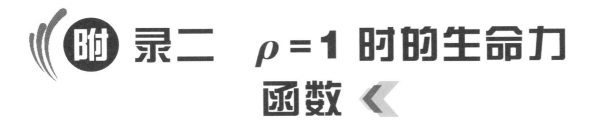

本节证明生命力函数

$$W(t) = \frac{k_2}{\tau(k_1 - k_3)}(1 - e^{-A(t)}) + \left(W_0 - 2\lambda k_2 \int_0^t e^{A(x)}dx\right)e^{-A(t)} \qquad (\text{C})$$

当 $\rho \to 1$ 时的极限值。当 $\rho \to 1$ 时，$k_3 = k_1$。因

$$A(t) = (k_1 - k_3)\int_0^t M(x)dx$$

中，当 t 充分大时，有

$$\lim_{t \to \infty}\int_0^t M(x)dx \approx \lim_{t \to \infty}2\lambda\tau t$$

由于 $k_3 = k_1$，上式可以写为

$$\lim_{\rho \to 1}A(t) = \lim_{\rho \to 1}(k_1 - k_3)2\lambda\tau t$$

故式（C）的前一项

$$\frac{k_2}{\tau(k_1 - k_3)}(1 - e^{-A(t)}) \approx \frac{k_2}{\tau(k_1 - k_3)}\{1 - [1 - (k_1 - k_3)2\lambda\tau t]\} \approx 2\lambda k_2 t$$

而式（C）的后一项则为

$$\left(W_0 - 2\lambda k_2\int_0^t e^{A(\tau)}d\tau\right)e^{-A(t)} \approx \left\{W_0 - 2\lambda k_2\left[t + (k_1 - k_3)2\lambda\tau\frac{t^2}{2}\right]\right\}[1 - (k_1 - k_3)2\lambda\tau t]$$

$$\approx W_0 - 2k_2\lambda t$$

故当 $k_3 = k_1$，且 t 充分大时，将以上两式代入式（C）可得

$$\lim_{\rho \to 1, t \to \infty} W(t) = 2k_2 \lambda t + W_0 - 2k_2 \lambda t = W_0$$

这表示当 $\rho \to 1$，$k_3 = k_1$ 时，如果吸收而转化为生命能的量全部转化为生命力强度，则生命能总量将保持出生时的生命能量终生不变。这也是生命永生的能量代谢背景。但在现实中这是不可能的。

此外，由以上结果可以得到相应的生命力和生命力强度分别为

$$\lim_{\rho \to 1, t \to \infty} P(t) = k_1 W_0$$

$$\lim_{\rho \to 1, t \to \infty} F(t) = 2\lambda \tau k_1 W_0$$

本节推导生命力函数

$$F(t) = k_1 W(t) M(t) \tag{D}$$

达到最大值时的年龄。对上式中的 t 微分

$$\frac{\mathrm{d}}{\mathrm{d}t} F(t) = k_1 \frac{\mathrm{d}W(t)}{\mathrm{d}t} M(t) + k_1 W(t) \frac{\mathrm{d}M(t)}{\mathrm{d}t}$$

在这里

$$W(t) = \frac{k_2}{\tau(k_1 - k_3)}(1 - e^{-A(t)}) + \left(W_0 - 2\lambda k_2 \int_0^t e^{A(x)} \mathrm{d}x\right) e^{-A(t)} \tag{E}$$

$$A(t) = (k_1 - k_3)\int_0^t M(x)\,\mathrm{d}x, \quad A(0) = (k_1 - k_3)\int_0^0 M(x)\,\mathrm{d}x = 0$$

$$\frac{\mathrm{d}A(t)}{\mathrm{d}t} = (k_1 - k_3)\frac{\mathrm{d}}{\mathrm{d}t}\int_0^t M(x)\,\mathrm{d}x = (k_1 - k_3)M(t)$$

$$M(t) = 2\lambda\tau\left[1 - \left(1 - \frac{m}{2\lambda\tau}\right)\exp\left(-\frac{t}{\tau}\right)\right]$$

$$\frac{\mathrm{d}M(t)}{\mathrm{d}t} = 2\lambda - \frac{M(t)}{\tau}$$

利用这些关系式,若令

$$\frac{\mathrm{d}}{\mathrm{d}t} F(t) = 0$$

将以上讨论的各分解式代入式中就可以求出生命力函数达到最大值时的时间。实际上

以上式子比较繁杂,下面我们给出一个近似的最大值解析结果。

在生命能函数(E)中,第一项与第二项相比一般情况相当小,而后一项内中括号里面的第二项也比第一项小,故可以将 $W(t)$ 简化为以下的近似式

$$W(t) = W_0 e^{-A(t)}$$

大量的实验结果确认,这样产生的误差很小。

将这一结果代入生命力(D)的一阶导数并令其等于 0

$$\frac{\mathrm{d}}{\mathrm{d}t}F(t) = k_1 \frac{\mathrm{d}W(t)}{\mathrm{d}t}M(t) + k_1 W(t)\left(2\lambda - \frac{M(t)}{\tau}\right) = 0$$

可以得到

$$e^{-A(t)}\left[-(k_1-k_3)M(t)\right]M(t) + e^{-A(t)}\left(2\lambda - \frac{M(t)}{\tau}\right) = 0$$

这是一个关于 $M(t)$ 的二次方程

$$-(k_1-k_3)\tau M(t)^2 - M(t) + 2\lambda\tau = 0$$

解此方程可以得到

$$M(t) = \frac{1 \pm \sqrt{1+8\lambda\tau^2(k_1-k_3)}}{-2\tau(k_1-k_3)}$$

其中为正值的解是

$$M(t) = \frac{\sqrt{1+8\lambda\tau^2(k_1-k_3)}-1}{2\tau(k_1-k_3)}$$

若记生命力达到最大的年龄为 t_m,则生命力达到最大值时的成熟度 $M(t)$ 的值应为

$$M(t_m) = \frac{\sqrt{1+8\lambda\tau^2(k_1-k_3)}-1}{2\tau(k_1-k_3)}$$

为了解出 t_m,将

$$M(t) = 2\lambda\tau\left[1-\left(1-\frac{m}{2\lambda\tau}\right)\exp\left(-\frac{t}{\tau}\right)\right]$$

代入上式可以求解出生命力最大时的时间,因上式得

$$1-\left(1-\frac{m}{2\lambda\tau}\right)\exp\left(-\frac{t}{\tau}\right) = \frac{\sqrt{1+8\lambda\tau^2(k_1-k_3)}-1}{4\lambda\tau^2(k_1-k_3)} \tag{F}$$

即得

$$\exp\left(-\frac{t}{\tau}\right) = \frac{4\lambda\tau^2(k_1-k_3) - \sqrt{1+8\lambda\tau^2(k_1-k_3)}+1}{2\tau(k_1-k_3)(2\lambda\tau-m)}$$

解得生命力达到最大值的年龄

$$t_{\mathrm{m}} = -\tau\log\left[\frac{4\lambda\tau^2(k_1-k_3)+1-\sqrt{1+8\lambda\tau^2(k_1-k_3)}}{2\tau(k_1-k_3)(2\lambda\tau-m)}\right] \qquad (\mathrm{H})$$

注意到出生时的细胞总量 m 较生长成熟后的成人细胞总数 $2\lambda\tau$ 要小得多,如人类的初生婴儿的体重约为成人体重的 $1/20$。故这里利用近似式 $2\lambda\tau-m \approx 2\lambda\tau$,记成人的体细胞总数为

$$\omega_{\mathrm{m}} \approx 2\lambda\tau$$

又记

$$\zeta = \frac{1}{k_1-k_3}$$

则式(H)可以近似表示为

$$t_{\mathrm{m}} = -\tau\log\left(1-\frac{\sqrt{\zeta^2+4\tau\zeta\omega_{\mathrm{m}}}-\zeta}{2\tau\omega_{\mathrm{m}}}\right)$$

由此可以得知,生命力的最大值发生时点与生物的成人体量 ω_{m}、体细胞全周期 τ 以及生物细胞的转化率 k_1 与吸收率 k_3 之差有关。

此外,由式(F)可以表示出生命力达到最大值时动物的体形大小与成熟后的体形大小 ω_{m} 之比应该为

$$\frac{M(t_{\mathrm{m}})}{\omega_{\mathrm{m}}} = 1-\left(1-\frac{m}{2\lambda\tau}\right)\exp\left(-\frac{t}{\tau}\right) = \frac{\sqrt{1+8\lambda\tau^2(k_1-k_3)}-1}{2\tau(k_1-k_3)} = \frac{\sqrt{\zeta^2+4\tau\zeta\omega_{\mathrm{m}}}-\zeta}{2\tau}$$

也就是

$$\frac{M(t_{\mathrm{m}})}{\omega_{\mathrm{m}}} = \frac{\sqrt{\zeta^2+4\tau\zeta\omega_{\mathrm{m}}}-\zeta}{2\tau}$$

最后,生命力的最大值可以将 t_{m} 代入下式计算得到

$$F(t) = k_1 W(t) M(t)$$

后　记

在本书中文版即将收笔之际，最后想将关于生命力−能系统研究的经历剪切下一些片段，作为作者追求解锁生命奥秘研究的缘起历程记录。在这个历程中，任何析出与发现关键未知谜团的兴奋、无法从既有医学科学认知中求得解答的苦恼、为了探索生命秘密而构建系统模型的反复尝试，以及基于生命系统模型求解得到的启示及其在医学生物学价值的阐析，等等，都值得回味，发人深思，这些经历对于尚未知晓科学研究是如何"做"的青年一代，或许是不无裨益的。

在 20 世纪 80 年代，我到日本信州大学纤维学部留学不久，导师嶋崎教授给我提示了他经年研究的茧丝纤度曲线（第二部分图 2-1）检测结果，他利用对茧丝纤度曲线形态的分析结果，构建了制作高质量生丝的工程管理理论。对于茧丝纤度曲线的形成，引起过蚕丝生物学相关学科很多学者的关注，他们研究并发表了关于吐丝的生物学过程、吐丝机理及茧丝化学构成等很多论文。但是对于为什么以及如何形成这样一根由细至粗然后再由粗变细的茧丝线的问题，却未见受到过关注与阐明，这引起了我的莫大兴趣。因为这样一个有形的茧丝粗细变化使我对一种无形物相似的变化形态产生遐想，它就是人的生命力。有意思的是，虽然我们都还不能准确地说明生命力是一种什么东西，可是人们都会正确地描绘幼年生命力的羸弱，青壮年生命力的强大，老年随着年龄增大而生命力复归衰弱的过程。

人们很早就认识到生命体内时刻都在合成和消耗、周而复始地运转着的生物体直接能量载体 ATP，生命体生存与活动就是依赖这样获得的能量。基于这一认识，我们定义生命系统中的生命力为单位时间内消耗的 ATP 数量，并且由此导出活体中生命能运转相关的生长力、成熟度、吸收力等一系列概念，进而通过机体内生命能量运转过程的系统化建模及解构，对生命体的一些进程，包括生长、成熟、衰老、寿命等，有了豁然开朗的认知升华。虽然在对这些生命进程的局部乃至微观范畴上人们有过很多认识与理解,却至今仍无法阐明这些进程在生命过程中的准确定位及其相互的关联性,以及由此产生的问题,如生命进程中为什么会衰老,人为什么不能长生不死。人们从很多微观认知上去探寻这些问题的答案,直至今日包括一些医学生物学专家仍在企望着长生不死的实现。

书中揭示的生命力-能系统,使得上述种种生命进程在同一系统中的定位及相互关系得以阐明,并由此揭开了与这些进程相关联的许多未解之谜。这一系统理论不仅是医学生物学对生命认知的一个重要补充,而且更可以成为今天的分子生物医学时代行将转变为面向将来的系统生物医学时代的关键基石。

实际上,医学生物学研究中最受瞩目的,也是迄今人类最难解释的问题就是生命现象,而与生命现象关系最为密切的生命力-能系统却是一个长期以来在医学生物学研究中被边缘化的研究领域。

20 世纪中叶 DNA 双螺旋结构发现以来,经历在分子水平上研究生命及其活动的热潮时代,近 50 年来的诺贝尔医学或生理学奖,几乎全部颁给了从事微观研究的学者。很多医学研究沉迷在分子之间的微观世界孤芳自赏,对生命系统中一些基本问题的深层解密依然束手无策。随着科学技术的进步,人们越来越意识到生命科学需要拥有广泛的学科知识,新的创造性的革命在于生命科学、物理化学和数理工程科学之间正在进行的历史性大融合。生命中的生命力-能系统理论的开拓,正是这一历史性学科融合时代的产物。

最后,我衷心感谢嶋崎昭典先生在我留学日本期间导引并鼓励我进入系统工程及生命科学理论结合的道路,感谢白康、白荃在本书英文版成书时的指教,感谢长期以来我所在研究室的许建梅、詹葵华老师及许多同学们的助力。

白 伦

2024 年 4 月 30 日